JN095954

鉄道模型

鉄道模型
3

自動運転のレイアウト

［四季のレイアウトと制御プログラム］

Spring

Summer

Autumn

Winter

はじめに

　既刊の鉄道模型シリーズ②『自動運転の実験』では、鉄道模型の自動運転システムとして、「Arduino」を使った登山鉄道の「自動運行システム」と、少し長い周回路に設置するための「ATS 列車自動停止システム」も検討しました。

　このシステムの構想と必要な機器類について準備を進めて、そして簡単なレイアウトを組み、各要素の機能と制御プログラムの作動確認テストを実施してきました。

　本書は、この「鉄道模型 自動運転の実験」の"続編"にあたり、この事前のテストの結果をもとにして、実際にレイアウトに組み込む様子を紹介しています。

　対象としたレイアウトは変化に富んだ構成であるため、「ATS」を組み込む状態はそれぞれ異なっており、それに合わせて工作していく必要がありました。

　前後の閉塞区間の連携のための「通信線の設置」や「ヤード出入り時の衝突防止」への配慮、レイアウトを設置している部屋の出入り口に設けた、「跳ね上げ式線路の通信線の工夫」。さらに、プログラムをチューニングする際の作業性などを考慮して、それぞれに工夫を凝らしました。

　こうした工夫が、皆さんのレイアウト工作の参考になれば幸いです。

寺田　充孝

鉄道模型 自動運転のレイアウト

CONTENTS

第1章

ATSシステムのレイアウトへの組み込み

［前編］で検討してきた「ATSシステム」に必要な機器類が準備できたので、いよいよ実際のレイアウトに組み込む工作を実施します。

このレイアウトは変化に富んだ構成で、「ATS」を組み込む状態は、それぞれ異なっています。そのため、それに合わせて工作していく必要がありました。

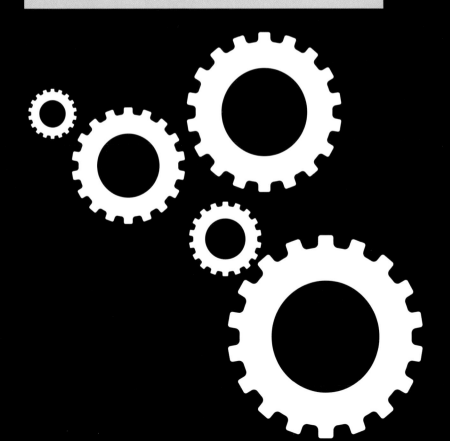

1-1　「閉塞区間」の設定と工事の準備

　「ATS」(列車自動停止システム)の開発も、いよいよ後半の作業に入りました。

　今まで検討してきたシステムの要素機器とソフトを使って、実際のレイアウトを組み込んでいく作業になります。

＊

　まず、「閉塞区間」を設定し、レイアウトに取り付けるための準備をしておきます。

■閉塞区間の設定

　最初の仕事は、レイアウト上での「閉塞区間」の設定です。

　今までは大まかの区切りは考えていましたが、図1-1-1のように、実際に列車を走らせて、区間の長さをチェックしながら設定しました。

図1-1-1　「列車の長さ」チェック

図1-1-2　「閉鎖区間の長さ」検討

　走行させる列車は、ホームの長さを基準としました。

＊

　「待避ホーム」に停車して、後続の列車の追い越しが可能な長さにすることを想定したからです。

　「新幹線車両」では「8両」まで、「客車」では「機関車1台」と「客車8両」までが限界だったので、この長さを基準にして、「閉塞区間」を区切ることにしました。

　しかし、「ギャップ」の「設定位置」とか、「制御機器」の「設置場所」も考えておかなければなりません。

　さらに、当レイアウトは「分割式のベース」で構成しているので、ボードの分割位置も考える必要があります。

　できたら、同じボード内で配線が完了し、「通信配線」のみを連結させていく方法が望ましいです。

＊

　そこで、「閉塞区間」を図1-1-3のように設定しました。

　「制御機器」の設置場所の詳細は、個別に検討し、それに合わせて製作する必要があります。

　「レイアウト・ボード」の分割具合を色の違いで表現しています。

　ここで、このレイアウトの方向を決めておきます。

　駅の配置を、南北方向とします。

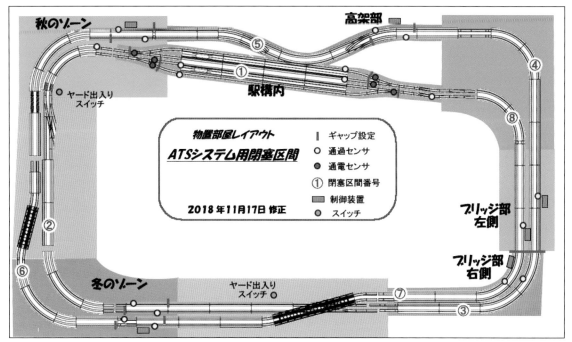

図1-1-3 「閉鎖区間」の設定

実際の部屋の配置も、同じ南北に長い部屋なので、左側が北側方向になります。

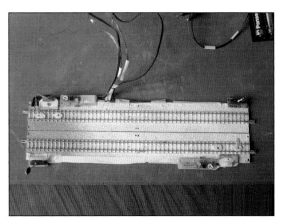

図1-1-4 一枚の路線に配置

「閉塞区間」は、「エンドレス路線」を8カに分け、8区間としました。

駅構内を「第1区間」として左回りに番号を付与しています。

「ギャップ」の位置は「右回り」と「左回り」用をなるべく近い位置になるように設定しました。

その理由は、一枚の複線線路上で、「通過センサ」と「信号機」、および「給電ポイント」が設置できるようにしたかったからです。

TOMIXの直線線路の長さは「280mm」ですが、「フライホイール付き動力車」を止めるには、この長さがギリギリでした。

これ以上短いと、「通過センサ」で検知して通電を止めたとしても、惰性で走行して、「ギャップ」を越えて「先方の区間」に車輪が入ってしまします。

すると、「先頭車輪」を介して電車内を通過した電気は、「後輪車輪」からせっかく閉塞した区間に流れて、そのまま列車は通過してしまうのです。

逆に、長くすると、2枚の線路を連結する必要があり、レイアウト上の制約も発生します。

図1-1-4は、冬のゾーンで採用した「ATS設置線路」です。

「右回り用」と「左回り用」の要素を、一枚の線路に設置しています。

■制御機器の製作

まず、標準的な閉塞区間用として、「制御ユニット」と「信号機」を量産(?)する必要があります。

図1-1-5　量産した制御ユニット

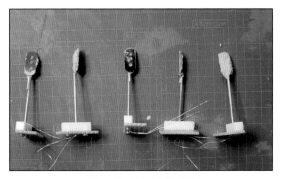

図1-1-6　量産した信号機

「PICマイコン」は、書き込んだプログラムがどれだったのか分からなくなるので、「番号ラベル」を背中に貼り付け、「何時、どのプログラムを書き込んだのか」を、リストを作って管理するようにしました。

また、12F683と12F635を混同しないように、ラベルに色を塗って識別するようにしました。

番号管理だけでは、不安だったからです。

■電源類

このレイアウトの「制御ゾーン」を紹介します。

＊

「制御機器」類は、図1-1-7に示すように、部屋のいちばん奥に設置しています。

「スイッチ付きのコンセント」を使って「メインの電源元」とし、それぞれの機器に配線しています。

図1-1-478のように、左から、(1)ヤード用の「KATO製コントローラ」へのコード、(2)次に今回の制御用「5VACアダプタ」、(3)(4)右回りと左回りの「周回路用コントローラ」、(5)機関区のターンテーブル用、(6)「路面電車用のコントローラ」のそれぞれのコード、(7)いちばん右が照明用の「12VACアダプタ」をつないでいます。

図1-1-7　レイアウトの制御部

図1-1-8　コンセントの配置

(3)(4)「右回り」と「左回り」の「周回路用コントローラ」には、TOMIX製の「TCSパワーユニット N-1001-CL」を2台使っています。

＊

今回の制御用「5V ACアダプタ」からは、図1-1-10に示すように、「ON/OFF」スイッチを介して配線するようにしました。

このスイッチは、「制御回路のリセット機能」として、重宝しています。

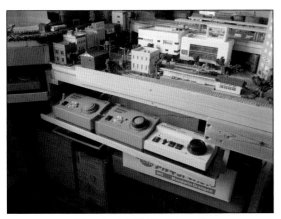

図1-1-9　周回路用コントローラ

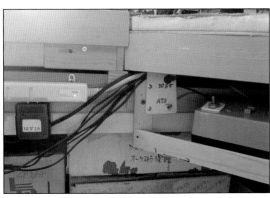

図1-1-10　「制御用5V電源」のスイッチ

■配線コネクタ

次に、配線類のコネクタを説明しておきましょう。

＊

レイアウトのメンテナンス時には、「配線類」の「脱着作業」が入るため、再接続時のポカヨケのために配線コネクタの種類を分けておき、ラベルも付けておくことにしました。

＊

まず、給電用の配線はKATO製のコネクタを活用し、「右回り」と「左回り」のラベルを付けておきます。

メス側のコネクタが不足していたので、「分岐コネクタ」を分解して利用しました（図1-1-12）。

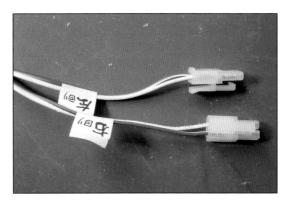

図1-1-11　KATO製コネクタの活用

図1-1-1247　「メスコネクタ」は「分岐コネクタ」から拝借

＊

「信号線」は一つのブロックで、外側の「左右回り」と、内側の「左右回り」の4本に、「+5V」と「GND」の、合計6本の線が必要です。

このため、専用のコネクタとして、「MOVE TECH NET SHOP」より、「クリンプ端子 EI シリーズ」の「オス／メス端子」を注文しました。

配線と接続状態を**図1-1-13**、**図1-1-14**に示します。

配線は色分けし、どこに接続するかも指定しているので、基板側への取り付けも混乱しないようにしました。

ブロックによっては、4本でよい場合もありますが、そのときは欠番として、配線しない状態で利用します。

図1-1-13　信号専用のコネクタ

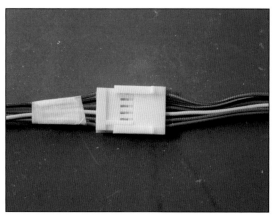

図1-1-14　コネクタの接続状態

*

制御用の「5V」電線は、**図1-1-15**のような照明配線に使っていたコネクタを利用します。

ただし、「照明ライン」は、「12V電源」なので、間違わないように、ラベルに明記して判別します。

■工事区間用の制御ユニット

レイアウトへの設置工事は、全区間を同時に実施できないので、個別に実施していきます。

*

組み付けた後の機能確認は、その都度実施できるようにしておきます。

これには、列車を走行させて「作動状態をチェックする」のですが、「前」または「後」の「閉塞区間」が「未工作区間」である場合が発生します。

このときに搭載した「制御ソフト」は、機能確認されたロジックでは、「先方区間」のセンサ情報が得られないので、フリーズしてしまいます。

そこで、「先方区間」の「通過信号S2」を使わず、S1を通過後はタイマーを作動させて、数秒の間は後続の列車を停止するロジックとし、このタイマーが作動している間は「橙色」の信号が点灯するようにしたプログラムを使うことにしました。

*

前後の「閉塞区間」との通信状態のチェックは無理ですが、それ以外の動作は確認できます。

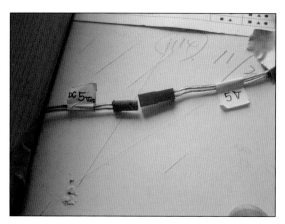

図1-1-15　「制御用5V配線」のコネクタ

1-2　冬のゾーン

　「ATS制御ユニット」をレイアウトにセットする作業の第1弾として、工作が容易であると思われる「冬のゾーン」から製作を始めました。

■「冬のゾーン」への設置

　このゾーンは、内と外の周回路が平行して走っており、「内側」には「ヤード」がセッティングされています。
　そして、"冬景色"として仕上げています。
　　　　　　　　＊
　このゾーンを取り外すと、**図1-2-2**に示すベースで構成されています。

図1-2-1　「冬のゾーン」の全景

図1-2-2　取り外したプレート

[1]まず、機器類の設置場所を探しました。
　「曲線部」でもよさそうでしたが、メンテナンスの容易さを考慮して、「直線部」に設置することにしました。

[2]「信号機」と「センサ」は線路脇に設置するとして、「制御部」はそのスペースが確保できません。
　「制御ユニット」は「内周用」と「外周用」を設置する必要があるので、かなりのスペースを必要としますが、左上の土手に注目して、この土手の中に埋め込むことにします。

[3]そして、ユニットの上には、"取外し可能な丘"などを造作して、覆ってしまいましょう。

図1-2-3　直線部に機器類を配置した場合

図1-2-4　「曲線部」に機器類を配置した場合

■「冬のゾーン」の制御機器類

　まず、今まで試作した制御機器類をもとに、配線図を作りました。

　制御対象の閉塞区間は、「内外の右回り」と「左回り」の4区間を受けもっています。

　そして、4個の「制御ユニット」(UNIT-A) をひ

とまとめにするボードを作り、「信号機」や「センサ」をここに接続する構成とします。

＊

　この「冬のゾーン」のベース内でこれらの配線を実施し、ベース外との接続はすべてコネクタを使って接続します。

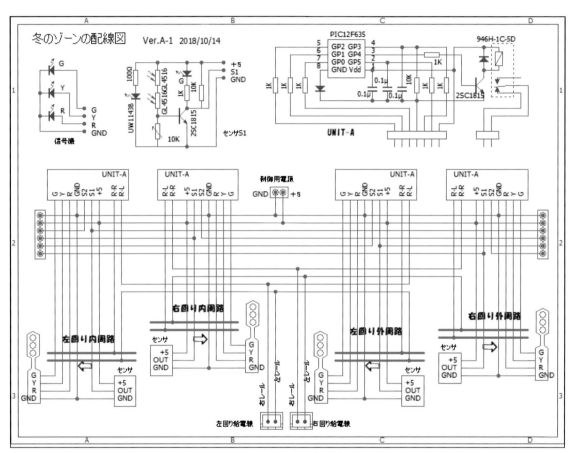

図1-2-5　「冬のゾーン」の配線図

■線路への設置工作

「通過センサ」と「信号機」、および「給電ポイント」を線路に設置します。

＊

「通過センサ」は、ボード部は土手の中に隠れてしまうので、センサ調整が手元で調整でき、かつ線路脇に設置するため、細長いタイプを使いました。

＊

図1-2-6、1-2-7は、土手下の「内回り」用の線路で、「右回り」と「左回り」の装置を一体的にセットしたものです。

＊

線路の固定は、白いMTテープを使って固定しています。

接着力は比較的弱いものの、"べとべと"しないのが気に入っています。

このセットと同じものを作って、土手の上で使う「外回り」用も工作しました。

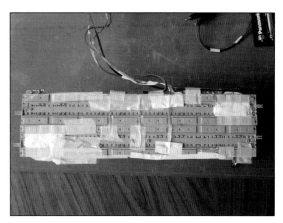

図1-2-7 土手下の「線路ユニット」の裏側

＊

次に、回路の中心をなすボードを作りました。

設置場所に合わせて細長くするため、「25×15」穴のユニバーサル基板を2つに切り、給電線が共通配線できる組み合わせとして、「右回り」用と「左回り」用に回路を組みました。

そして、基板は「ベニヤ板」に固定しました。

＊

図1-2-8、1-2-9は、「内回り」用レールを使って配線チェックのためにテストしたときの写真です。

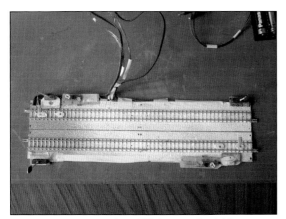

図1-2-6 土手下の「線路ユニット」の表側

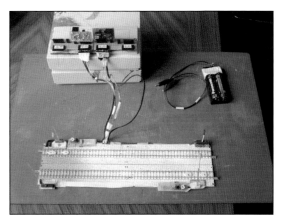

図1-2-8 「配線ボード」と「線路ユニット」のチェック

図1-2-9　回路を構成する「配線ボード」

　この構成がレイアウトにマッチするか、幾度も取り付けて干渉具合を確認しました。

図1-2-10　レイアウトへの「マッチング・チェック」

図1-2-11　　レイアウトへの「マッチング・チェック」

　同様に、「外回り用のレール」も加工して、レイアウトに取り付けた状態を図1-2-12、1-2-13に示します。

図1-2-12　「外回り用レール」の設置

図1-2-13　「配線ボード」への配線チェック

　このように、「左回り」内周路と外周路、「右回り」内周路と外周路の、計4個の制御ユニットをひとまとめにする方法は、意外と手間暇がかかりました。

　これにブロック間の「信号線」や「給電線」を配線しなければならないので、ゴチャゴチャになりそうです。

＊

回路図に従って、「外部接続用のコネクタ」を配線した状態を、図1-2-14、1-2-15に示します。

配線類は、コネクタ接続する位置を決めておいて取り付けています。

配線の長さは、想定よりも少し長めにしておくのがベターです。

予定外のことがたびたび起こり、配線が届かない事態に遭遇して、配線を継ぎ足したこともありました。

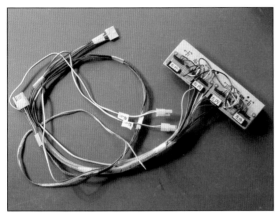

図1-2-14　外部接続用のコネクタを配線

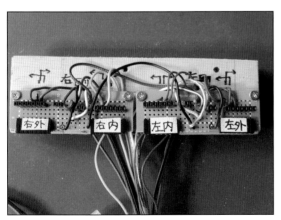

図1-2-15　配線部の拡大

設置後の様子を、図1-2-16、1-2-17に示します。

装置の設置場所の上に、取外し可能な土手を造作して、カモフラージュしました。

図1-2-16　レイアウトへの設置

図1-2-17　装置設置場所のカモフラージュ工作

＊

完成後の通電状態を示します。

「通過センサ」の「スタンバイ灯」と「信号機」が点灯しています。

「スタンバイ灯」が「信号機」よりも明るいのは変ですが……よしとしましょう。

図1-2-18　設置完了後の通電テスト

図1-2-19　　横から見た状態

1-3　春のゾーン

ATS制御ユニットをレイアウトにセットする作業として、「春のゾーン」への設置工作を実施します。

■「ブリッジ部」の制御ユニット

「春のゾーン」は、「ヤード部」と「ブリッジ部」の前後に展開しています。

＊

まず、「ブリッジ部」の処理から工作をはじめました。

この「ブリッジ部」は開閉式のため、線路の構造的なギャップがすでに存在しています。これをそのまま生かして、「閉塞区間」のギャップとします。

このため、線路の接続部は、完全に非接触となるように線路端部を「やすり」で削り、「0.3mm」程度のギャップを確保しました。

「閉塞区間」の制御は、このギャップを挟んで左右に分かれるため、**「右側」**には**「左回り用閉塞区間の制御ユニット」**を、**「左側」**には**「右周り用閉塞区間の制御ユニット」**を設置します。

今回は、「ギャップ部」から右側を工事するので、「左回り用制御用装置」のみを設置します。

＊

最初に「制御機器」の設置場所を検討します。

高架橋の下の空間を利用して「制御ユニット」の設置を検討すると、当初に試作した「制御ユニット」がそっくりそのまま使えることが判明したので、この試作ユニットを利用しました。

この「制御ユニット」を利用した配線図を作りました（**図1-3-1**）。

当初予定していた「オプション用回路」は不要になったので、取り去りました。

また、「冬のゾーン」との接続は、間にヤードベースがあるので、ベースの脱着を考慮して通信線を分割しています。

そして、その途中で、「ヤード出入りスイッチのための回路」を挿入しました。

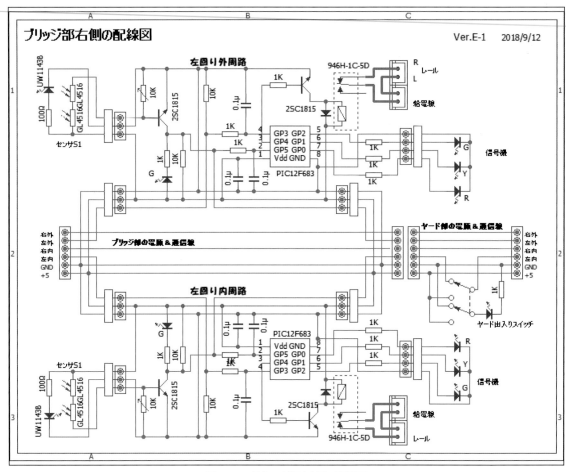

図1-3-1　「ブリッジ部右側」の配線図

　「ギャップ部」は「リッジ部」の「曲線高架橋」の端部にあるので、この「曲線部」に「制御装置」を設置する必要があります。

　そこで、「ブリッジ部」の高架橋を外し、そこに、「通過センサ」と「信号機」を設置しました（図1-3-2）。

　「内回り線」は「下り坂」になるので、「センサ」から「ギャップ」までの距離を長めに取っています。

＊

　「制御部」の仮設置状態を、図1-3-4、1-3-5に示します。

＊

　そして、必要な配線を実施した状態を、図1-3-6、1-3-7に示します。

　配線を含めてゴチャゴチャになっていますが、ここも丘などの造作を作って隠すことにします。

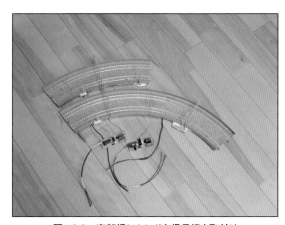

図1-3-2　高架橋にセンサと信号機を取付け

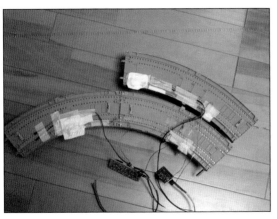

図1-3-3　裏側から見た取付け状態

図1-3-6　配線の実施

図1-3-4　制御部の仮設置

図1-3-7　配線部の拡大

図1-3-5　制御部の拡大

■配線作業

　「信号線」と「給電線」の配線は「ブリッジ」の裏側を通して「ヤード側」に接続します（**図1-3-8**）。

　しかし、反対側の「山岳ゾーン」との連結方法は、コネクタでの接続ではブリッジの開閉のたびに脱着が必要となるので、"対応できない"と判断し、「接触子」を使った通電方法を考えることにします。

＊

　この工事は後回しにして、「冬のゾーン」との接続工事を進めます。

　「ブリッジのヒンジ部」は、支点周りを迂回して配線することで対応しました。

　そして、「ヤード部との接続」は、「通信線」は6ピン・コネクタを使い、「給電線」はKATOのコネクタを使って接続しました（**図1-3-9、1-3-10**）。

図1-3-9　ブリッジのヒンジ部の配線取り回し

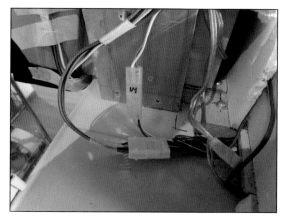

図1-3-10　通信線と給電線の接続コネクタ

図1-3-8　高架橋裏側の配線状態

　「ヤード部」は、「制御ユニット」などを設置しないので新たな工作は必要ありません。

　しかし、給電ポイントの撤去作業と、通信線をスルーさせる配線工事、および、ヤードの出入口制御用のスイッチの新設が必要でした。

　図1-3-11、1-3-12にヤード裏側の配線状況を示しますが、これまたマスキング・テープでベタベタと貼った"絆創膏！"のようになってしまいました。

図1-3-11　「ヤード側」のコネクタ

図1-3-12　ヤード裏側の配線状態

■「ヤードの出入口」の制御

この「ヤードの出入口」の制御方法として、当初の構想では、「前方センサ」との「OR回路」で処理することを考えていましたが、簡単なスイッチ一つで対応できる方法を採用しました。

＊

「冬のゾーン」から「ブリッジ部」に向かう「左回り」の線路では、「ブリッジ部」の「通過センサ」の「信号S2」を受けて、前方に列車が存在するかどうかを判断しています。

この「通信線」の途中に「トグル・スイッチ」を挟み、通常は前方の信号を「冬のゾーン」側にスルーさせるようにします。

そして、「ヤード」からの出入りの際には、「+5ボルト」の信号線に切り替えて「HIGHレベル」とし、あたかも前方に列車がいるとの疑似信号としました。

このための「トグル・スイッチ」を図1-3-13に示します。

スイッチは2回路用を用いたので、ついでに赤色LEDが点灯するように工作しました。

図1-3-14は、このスイッチの裏側の状態です。

図1-3-13　「トグル・スイッチ」の設置

図1-3-14　「トグル・スイッチ」の配線

■「試運転」の実施

配線完了後、「制御ユニット」に「PIC」を取り付けて試運転を実施しました。

*

前方の区間が未工事の場合には「工事用ロジック」、すなわち、「通過センサ」通過後は、「タイマー制御」とするものを搭載しました。

*

当初は「ヤード出入口の制御」がうまくいきませんでした。

その原因は、冒頭部分の「S1チェック」で、シーケンスが留まっており、そのまま列車を通過させてしまうことにありました。

そこで、「この冒頭部分でも前方のS2チェックを実施するシーケンスに変更」する修正を実施しました。

結果は良好でした。

しかし、試運転はイライラの連続でした。列車が途中で断線したり、動かなくなったりで、レイアウト走行での基本がまるで落第でした。

原因はメンテナンス不良です。線路は汚れているし、動輪は真っ黒クロスケだし…！

1-4 秋のゾーン

「ATS制御ユニット」をレイアウトにセットする作業として、「秋のゾーン」の製作を行ないます。

■「秋のゾーン」への設置

この奥まった一角の名称が、いつの間にか「秋のゾーン」と呼ばれるようになりました（**図1-4-1**）。

このレイアウトの左隅は「冬景色」として工作してきましたが、左回りにぐるりと見渡しているときに、ふと気が付きました。

「春夏秋冬になる？」

ヤードからブリッジの部分を「桜の木」で埋めれば、「春」に！

「登山電車」の部分は「夏」です。

そして、市街地を抜けると「紅葉」の「秋」となり、そして「冬景色」につながっていく…。

「ATSシステム」の完成後の作業テーマが決まったぞ！

＊

さて、このゾーンには、高架部分につながる「外周路」と、駅構内につながる「内周路」があります。

ここのゾーンに設置する制御機器は、「外周路」用のみです。

「内周路」は駅構内として対応しますが、「通過センサ」だけは、距離的にこの部分に設置しておく必要があったので、ここで工作しておきました。

＊

ここに設置する機器類の配線図を示します（**図1-4-2**）。

「外周路」の「右回り」と「左回り」の線路を制御する必要があるので、「信号機」、「通過センサ」、「制御ユニット」が各2セット必要です。

また、「通信線」は、「左側」の「冬のゾーン」からの通信と、「右側」の「駅構内」と「高架部」との通信を分けて接続する必要があるので、図のようなややこしい配線となっています。

さらに、「ヤード」の出入り口のスイッチの信号も挟んでおく必要がありました。

図1-4-1 「秋のゾーン」の全景

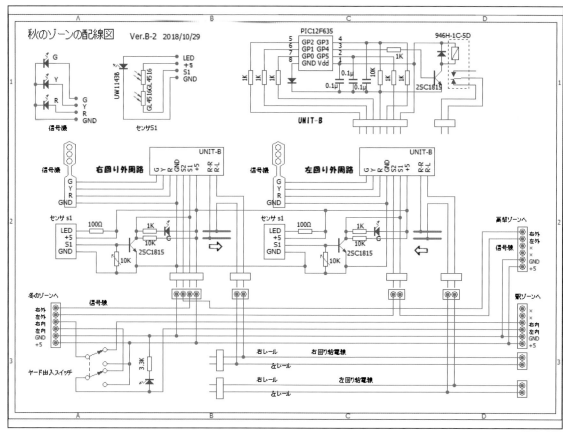

図1-4-2　「秋のゾーン」の配線図

■「制御ベース」の工作

「制御ユニット」を取り付けるベース部分について、ここでは2個の「制御ユニット」をまとめることにしました。

さらに、「通過センサ」の取り付け位置が狭かったので、調整部をここに取り込んでいます。

ベースは、「25×15」穴のユニバーサルを使いました。

この「制御ベース」を図1-4-3に、「制御ユニット」を装着した状態を図1-4-4に示します。

LEDの足を高く取り付けているのは、外からでも確認できるようにするためです。

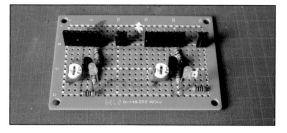

図1-4-3　制御ベース

図1-4-4　「制御ユニット」を装着した制御ベース

「通過センサ」と「信号機」を取り付けた複線路を図1-4-5に示します。配線はまだ未加工です。

図1-4-5　「センサ」と「信号機」を取り付けた線路

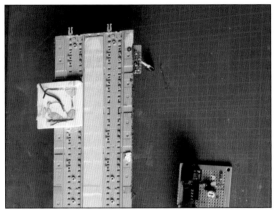

図1-4-6　線路の裏側

これに、「信号機」と「センサ」との配線は、「Φ0.29mm」の「ポリウレタン線」を使い、「給電線」はKATOの「コネクタ」と「配線」を使いました。

また、「通信線」のためのコネクタを取り付けました。

図1-4-7　「制御ベース」の配線状態

図1-4-8　配線部の拡大

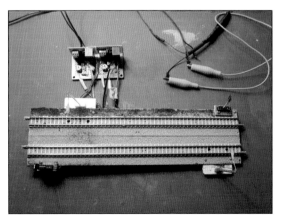

図1-4-9　配線が完了した状態

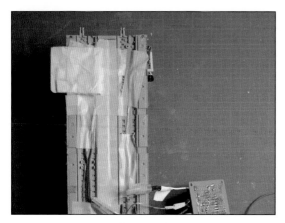

図1-4-10　「線路裏側」の配線状態

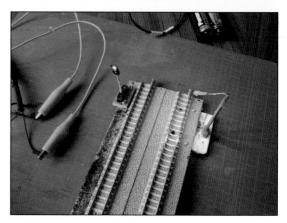

図1-4-12　「信号機」の点灯確認

　「線路裏」は配線でゴチャゴチャになっていますが、「マスキング・テープ」を使って固定させています。

　そして、「5V電源」を使って、制御部分の作動確認をしました。

＊

　「通信線」と「給電関係」は確認できませんが、「信号機」や「センサ」の動作確認は実施できました。

■レイアウトへの設置

　この「制御ベース」と「線路」のセットをレイアウトに組み込むためには、「機関区プレート」と「ヤードプレート」を取り外して工作する必要があります。

＊

　まず、「制御部」を収める場所を探し始めましたが、外周路の外側の土手の部分を切り取って、その中に埋め込むことにしました。

　センサの調整は、蓋を取って実施します。

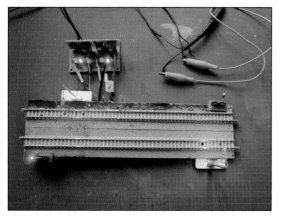

図1-4-11　「制御ユニット」の機能チェック

図1-4-13　レイアウトへの設置

図1-4-14　「制御機器」設置場所のカモフラージュ

図1-4-16　「機関区プレート裏」の配線上部

「内周路」は「駅構内」として対応しますが、「入場制御用」の「通過センサ」だけは、距離的に、この部分に設置しておく必要がありました。

そこで、「センサ」とその「配線」を実施し、4本の配線はポリウレタン線を使って駅構内の位置まで伸ばし、ピンヘッダを使ってコネクタとしました。

■「床下の配線」と「スイッチの設置」

必要な配線は、「レイアウト・ボードの裏側」にて実施しました。

「冬のゾーン」との通信線、「秋のゾーン」への配線、そして、「右側の駅構内」と「高架部」への「通信線」、さらに、「給電配線」を実施しています。

図1-4-15　「機関区プレート裏」の配線下部

この配線の途中に、「ヤード出入り口」での「制御用スイッチ」を設けました。

回路は、先回報告した「ヤード左端」の場合と同様ですが、ここでは、「右回り」と「左回り」の2回路を制御する必要がありました。

また、「ヤードの線路」を設置している「プレート」に「スイッチ」を設けるのがベターですが、「同じプレート」内に設置しました。

図1-4-17　「ヤード出入り口」での「制御用スイッチ」

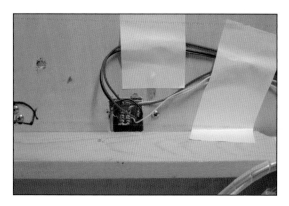

図1-4-18　スイッチの配線

「給電線」と「通信線」は、途中で配線の分岐が必要なので、図1-4-19のようにひとまとめにしています。

図1-4-20は、「右側のゾーン」である「駅構内」と「高架部」へ接続する、「通信線」と「給電線」の配線の様子です。

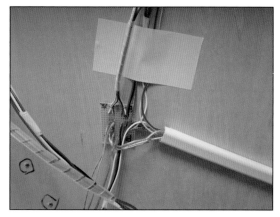

図1-4-19　「給電線」と「通信線」の配線

図1-4-20　配線部

「プレート」の下側を通って、「都市ゾーン」の地面を開削した「溝」の間を通しています。

この部分は「駅の下側」になるので、配線を隠すことができます。

図1-4-21　配線のための「溝」工作

図1-4-22　「駅下」に設けた「コネクタ接続部」

配線の端部はコネクタで接続するように工作しました。

「配線工作」が完了したので、各「プレート」を元どおりに設置した状態を図1-4-23、1-4-24に示します。

図1-4-23　設置完了後の全景

図1-4-25　「秋の風景」にグレードアップ

図1-4-24　「コーナー部」の様子

図1-4-26　「秋景色」の様子

　なお、このゾーンを「秋のゾーン」と呼ぶのは、システム設置完了後の仕上げ工作において、図1-4-26のように、「秋の風景」にグレードアップさせているからです。

1-5 「高架部」への設置

「ATS制御システム」の「信号機」「センサ」「制御ユニット」など「制御機器」をレイアウトに設置する作業をしています。

「秋のゾーン」に続いて、ここでは「高架部」について報告します。

■「高架部」への設置

「高架部」での「閉塞区間」の区切りは、「高架部分」の「右端」に設定しています。

このため、「制御機器類」もこの「高架部分」に設置しました。

「外回り」の複線であるため、「秋のゾーン」と同様の構成となりますが、「制御ユニット」の置き場所を、「高架」に隠れるように、裏側に設置することにしました。

＊

「回路構成」を、**図1-5-2**に示します。

「通信線」は、左側の「秋のゾーン」と右側にある「ブリッジ部」とに接続し、「給電線」は「山岳ゾーン」の下から引くことにしました。

＊

問題は、「センサ」の「調整回路」です。

「半固定抵抗」と「LED」をどこに置こうか迷いましたが、線路下に設置して、線路脇の穴から顔を出すようにしました。

しかし、「半固定抵抗」は背を高くすることができないので、穴の奥に鎮座させて、ドライバが入る「穴」を開けておくことにしました。

回路は、「ユニバーサル基板」上に構成しました。

なお、「センサ調整」のための「LED」は今まで明るすぎたので、電流を落とすために、「1kΩ」から「5.1kΩ」にアップしています。

図 1-5-1 「制御部 」の設置場所

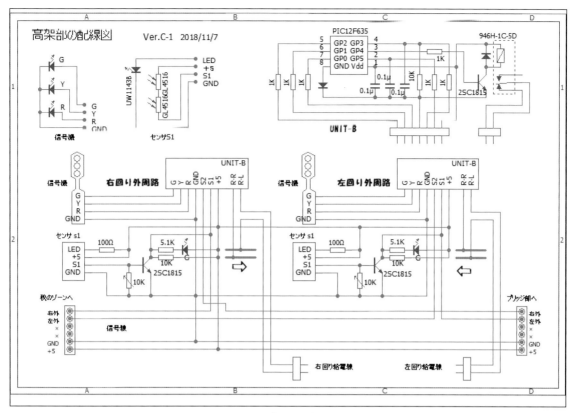

図1-5-2 「高架部」の配線図

図1-5-3 「制御機器」の設置場所の検討

図1-5-4 線路脇の「穴」から顔を出すようにした「半固定抵抗」と「LED」

「通過センサ」と「信号機」は、「小ねじ」を使って線路に固定します。

再利用している「通過センサ」の取り付け状態を図1-5-5に、「信号機」の取り付け状態を図1-5-6に示します。

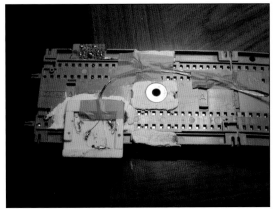

図1-5-5 「通過センサ」の取り付け

図1-5-6 「信号機」の取り付け

この「高架部分」は、線路下に合板を使って、長く一体的に作っています。このため、「基板」も「合板」の下に固定するようにしました。

「基板」「信号機」「センサ」を組み込んだ線路と、「干渉部分」を切り取った「合板」の状態を、図1-5-7に示します。

図1-5-7 「干渉部分」を切り取った合板

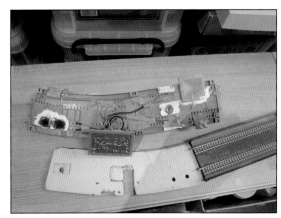

図1-5-8 「線路の裏側」の様子

線路を元のように「合板」に固定し、「通信線」などを配線し、最後に「基板」を「合板」に固定しました。

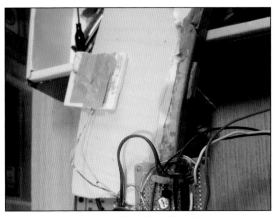

図1-5-9 「通信線」などの配線

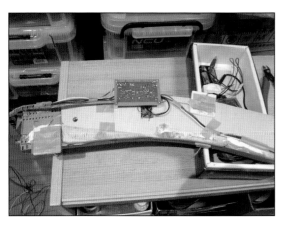

図1-5-10 合板裏に取り付けた基板

図1-5-12 「高架部」の裏面の様子2

「通信線」は、左側にあるホーム中央付近で、「秋のゾーン」からの「配線」と「コネクタ」で接続する必要があるので、「高架」の下を這わせています。

「通信線」の右側は、線路下に掘った「溝」を通して「山岳ゾーン」のベース下に引き出すようにしました（図1-5-13）。

この部分は、「線路」で覆い隠すようにしています。

図1-5-13 「山岳ゾーン」への配線

図1-5-11 「高架部」の裏面の様子1

図1-5-14 完成した状態

「完成した状態」と、「センサ調整部」の「LEDの点灯状態」を、図1-5-15、1-5-16に示します。

「制御ユニット」の「頭」が、「高架橋」のフェンスから覗いていますが、何らかの「カバー」が必要になりそうです。

図1-5-15　「信号機」のチェック

図1-5-16　「LED」のチェック

1-6 「ブリッジ部 左側」の工作と試運転

「信号機」「センサ」と、「制御ユニット」などの「制御機器」を「レイアウト」に設置する作業をしています。

「高架部」に続いて、今回は「ブリッジ部左側」の工作について報告します。

■「ブリッジ部左側」の「制御機器」

やっと周回路を一周するゾーンにたどり着きました。

ここでは、すでに工作ずみの「ブリッジ部右側」と接続し、「周回路」を完成させることができます。

ここ「ブリッジ部左側」では、「外周路」と「内周路」の右回り路線の制御を実施し、「ブリッジ部」の「ギャップ」を挟んで、「右側部」と接続させます。

このため、2セットの「制御ユニット」を設置し、さらに、左方の「高架部」と、「駅構内」からの「通信」を合流させ、さらに、「内回り」と「外回り」の「通信線」を交差させます。

*

「線路」そのものは、ヤード出口での「高架橋部分」で交差していますが、「通信線」はここで、「内回り線」と「外回り線」を変更させることにしました。

その回路構成を、図1-6-1に示します。

*

「制御用電源」である「5V」電源は、「冬のゾーン」から供給していますが、各ゾーンをつなぐ「通信線」を伝って供給しているものの、各回路の「電圧降下」を心配して、電源から直接引いた「電源線」からも供給するようにしています。

すなわち、「周回路」をつなぐ通信線の2カ所から供給します。

もちろん、電源は1つで、「DC5V」用の「ACアダプタ」を使っています。

電流は「2A」のものを使っているので、もう充分です。

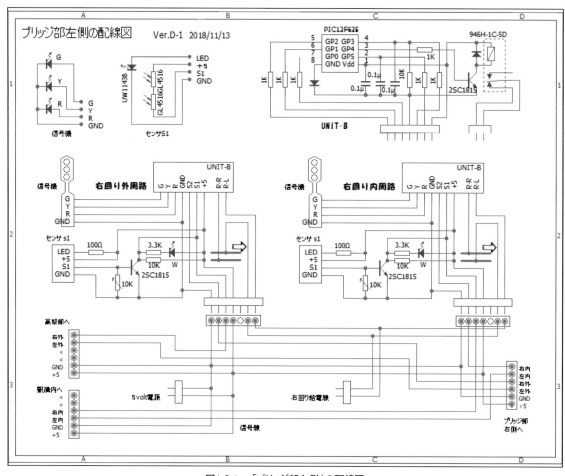

図1-6-1 「ブリッジ部左側」の配線図

　「制御機器」の設置場所は、「線路下」しかないので、「通過センサ」と一体化した「ユニバーサル・ボード」を使うことにしました。

　「25×15」穴の「ユニバーサル基板」に「通過センサ」とその「調整部」、および、「制御ユニット」を取り付ける「ピンホルダー」を一体化しました（図1-6-2）。

図1-6-2 「通過センサ」と一体化した「制御機器」

　　　　　　　　　＊

　ここで、「センサ調整用」の「LED」は、今までの「緑色」から「電球色」に変更しました。

　これは、「制御ユニット」を覆い隠すものとして簡単な「建物」を想定し、その「照明」を兼ねて「電球色」にしてみました。

　「線路脇の工事小屋」のイメージです。

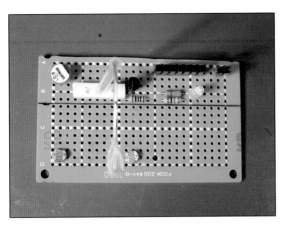

図1-6-3 「制御機器」の上面

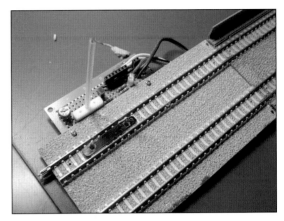

図1-6-6 「制御機器」の取り付け状態

　外周路用の線路に「制御機器」を取り付けた状態を、**図1-6-4**に示します。

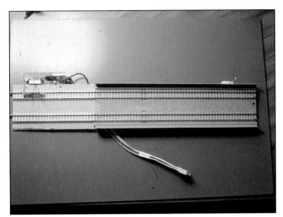

図1-6-4 線路に「制御機器」を取り付けた状態

図1-6-7 信号機の取り付け状態

　組み上がった状態で「電源」をつなぎ、「機能チェック」を実施しました。

図1-6-5 線路の裏側

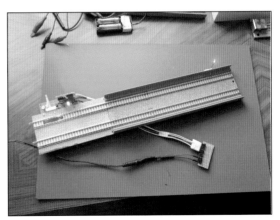

図1-6-8 「機能チェック」の状態

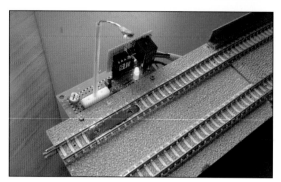

図1-6-9　「LED」の点灯状態

＊

次に、「内周路用」の工作を実施しました。

こちらは、「線路下」の「工作物」が邪魔していること、さらに、登り坂になることよって、「通過センサ」と「ギャップ」の位置が近くなっても許される、と判断して、1つの線路上に「通過センサ」を設置することにしました。

その完成品を図1-6-10に示します。

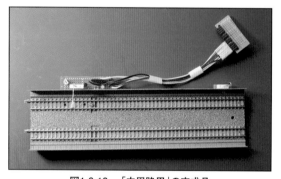

図1-6-10　「内周路用」の完成品

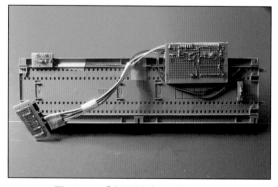

図1-6-11　「内周路用」の完成品の裏側

「制御ボード」や「信号機」の取り付けは、メンテナンスを考えて、「M2」の「小ねじ」を使っています。

図1-6-12　「制御機器」の裏側

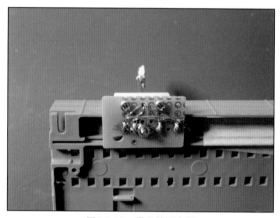

図1-6-13　信号機の裏側

■配線工作

次に、ゴチャゴチャした配線工作を説明します。

＊

最初に、配線の要(かなめ)となるボードを作り、ここで配線を集中させることにしました。

[1]まず、「通信線」と「給電線」をまとめて接続するため、「レール」に設置した「制御ボード」からの配線を「ピンホルダー」で接続します。

図1-6-14 「配線ボード」の表側

図1-6-15 「配線ボード」の裏側

[2]このボードの設置場所を確保し、その近くに「レイアウト・ベース」の「下」に通じる穴を開けました(図1-6-16)。

さらに、「開閉ブリッジ」が収まる部分には、通信線をつなぐ「接触部」を設置しました(図1-6-17)。

図1-6-16 「配線ボード」の設置場所

「角材」の周りは、厚みが「0.1mm」で「裏側」が「接着剤付き」の「銅板」で巻いて、接点としています。

図1-6-17 「通信線接続用」の接触部

この「接点」の相手側は、「開閉ブリッジ」の「先端部」の「裏側」に図1-6-18に示すような「接触子」を工作しました。

こちらは、板厚が「0.1mm」の「リン青銅板」です。

この板の「バネ作用」は「ブリッジの接触部分」が「閉じる方向」に働くように考慮しています。

これによって、「ギャップ部の隙間」はきっちりと固定され、その上で「通信線の接触」も確保できるように配慮しています。

図1-6-18 「ブリッジ部」の「接触子」

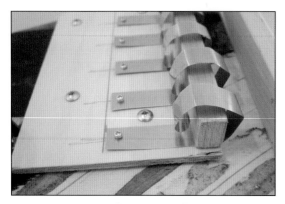

図1-6-19　「リン青銅製」の「接触子」

今までのように、「通信線」の「接続」は「コネクタ」を使えばもっと簡単に実現できるのですが、ブリッジの開閉のたびに、「コネクタ」をいちいち脱着させるのは不便なので、このような工作をしました。

「ブリッジ」を降ろせば、自動的に接続が完了します。

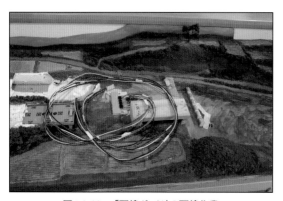

図1-6-20　「配線ボード」の配線作業

図1-6-21　「コネクタ」の接続

＊

この「配線ボード」に、「通信線」と「給電線」を配線しました（図1-6-20、図1-6-21）。

「線路」との接続状態を図1-6-22に示します。

「配線類」は「高架線路」の「下側」に隠す作戦です。

「レイアウト・ベース」の下に通じる「穴」を使って、「ベース」の「左側」に通すものと、「右側の接点」に接続させる配線に分離させています。

図1-6-22　「線路」との接続状態

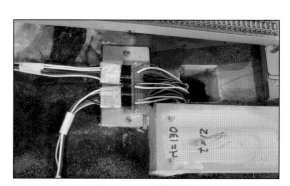

図1-6-23　配線状態

「接点部」の接続状態を図1-6-24に、また、「ブリッジ可動側の配線」を図1-6-25に示します。

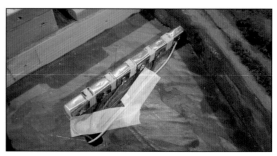

図1-6-24　「接続部」の配線

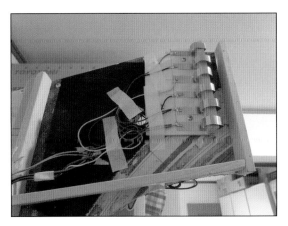

図1-6-25　「接触子側」の配線

図1-6-27　ゴチャゴチャになった配線

*

「レイアウト・ベース」の「下」を通ってきた配線は、「山岳ゾーン」のベースの「下側」に導き、ここで「コネクタ」を続します。

①「高架部」のからの配線、②「ブリッジ部」からの配線、③「駅場内」からの配線──がここに集中するため、非常にゴチャゴチャになるのですが、ラベルを使って間違いなく接続するように配慮しました。

さらに、ここは「登山電車」の「自動運転システム」も利用しているので、「前面」は「カバー」などで隠す必要がありそうです。

*

設置の完成状態を、図1-6-28、1-6-29に示します。制御ユニットが目立ちすぎますね。

図1-6-28　完成した状態

図1-6-26　「配線」の集約

図1-6-29　飛び出している「ユニット」

「ブリッジ」を潜り抜けて、入り口側から見た状態を示します。

図1-6-30　「入口」から見た状態

図1-6-33　「点灯試験」の実施

図1-6-31　「内側」から見た状態

外側から見ると、**図1-6-32**のように、「ユニットの裏側」が丸見えです。

何らかの"誤魔化し工作"が必要ですね。

*

最後に「点灯試験」をして、機能確認をしました。

これで「周回路」の「通信線」はつながりましたが、「駅構内」の部分はまだ未工事です。

そのため、「駅のゾーン」は「ATS」未設置のままでスルーさせて、「ATSシステム」の「周回走行テスト」を実施しました。

■「試運転」の実施

駅構内の「ATS制御装置」は未設置の状態ですが、「給電線」の工作は必要です。

*

この「ATSシステム」は、「閉塞区間」の先端部分で給電しています。

このため、「駅構内」において、「出発側」の「閉塞区間」は制御されているものの、「入場側」が「未制御」の状態です。

そこで、「右回り」は**閉塞区間(1)と(8)**の間に、「左回り」は**閉塞区間(1)と(2)**の間に「ギャップ」を設けて、「未制御」の区間を、「駅構内」の(1)と入場側区間のみとしました。

「駅構内」への「給電線」は、「仮接続」をします。

図1-6-32　外側から見た状態

「ハンダ付け不良」や「配線ミス」による作動不良が何か所かありましたが、やっと正常に機能するようになりました。

＊

いくつかの「列車」を走行させ、各「閉塞区間」の「制御状態」や、「信号機の表示」も問題なく作動していることが確認できました。

＊

同一路線に3本の列車を走らせましたが、追突事故もなく走行していました。

しかし、この「試運転」で、いくつかの課題も明らかになりました。

◆「線路の汚れ」について

何本かの列車を同時に走らせているので、「線路の汚れ」による「車速低下」は、スムーズな運行を邪魔し、低速走行を楽しもうとするときに、停車してしまう場合も発生しました。

走行前にレールのクリーニングは必要ですが、毎回毎回は面倒です。

そこで、「クリーニング・カー」も一緒に走らせる必要があるかもしれません。

① レールと同様に、「動力車の車輪の汚れ」もメンテする必要があります。

1編成のみで走らせる場合には、少しずつ電圧を上げていく手もあります。

しかし、同時に何本かの編成を走らせる場合には、個別の汚れ程度の差によって速度差が出てしまいます。

これには、「給電性の良い車両」か、あるいは「通電カプラー」などの「多くの車輪からの給電」が効果あるのですが…。

② 後ろからの"あおり運転"を避けるためには、「速度差の小さい動力車」を選ぶのがベターです。これは、以前からの課題ですが…。

③ 動力車はフライホイール付き動力を搭載している車両を運転させるのが望ましいです。

これは、ATSによって停止させる場合、給電をいきなりカットする制御なので、モータ

も急停止してしまいます。

テスト走行では、"キュー！"という音を出して急停止している車両がありました。

フライホイール付き動力車は、滑らかに停止しています。

④ 脱線した場合は、運転再開時にはATSをリセットさせておきます。

途中で、シーケンス制御が停滞している場合があるので、システム制御をリセットさせておく必要がるのです。

このために制御用5V電源の「ON/OFFスイッチ」を設けていたことは、正解でした。

1-7　駅構内の工事

　この「新ATSシステム」の設置作業も、最後の山場に差し掛かりました。

　いよいよ残るは「駅構内の工事」です。

　まず、設置に必要な「制御機器」の「Sub-Assy」部品を工作しました。

■「駅構内」での設置場所

　この「駅構内」の区間は、他の区間とは「制御方法」が異なるので、それぞれの「ATS制御装置」を「どこに」、「どの部品」を「どのように」…設置できるか、検討しておく必要があります。

　まず、「駅の左側」、すなわち、「北部」での「入場制御」と「出発制御」用機器の配置です。

　この部分に設置すべき機器類の位置を、図1-7-1に示します。

　図1-7-2にはこの部分の拡大写真を示します。
＊

　向こう側の「本線」は、「右回りの入線線路」となり、「通過センサ」の位置は、「ギャップ位置」との距離を確保するために、「秋ゾーン」の工事の際に、すでに設置ずみです。

　そして「配線」は、「駅構内」まで届くように、「コネクタ」まで実施されています。

　「入場制御機器」は「信号機」と一体化した「制御ユニット」を使います。
＊

図1-7-1　構内北部の設置場所

「手前側」は「左回り本線」ですが、「通過センサ」は「本線」と「副本線」にはそれぞれを設け、「制御機器」は「駅ベース」の「裏側」に設置します。

そして、「ソフトの書き換え」などが発生した場合には、「PICマイコン」が容易に取り換えできるように、「マイコン部分」を「ホーム先端部」の中に取り付けることにします。

そのスペースを、図1-7-3に示します。

また、「駅の右側」、すなわち「南部」では、同様な配置で実施しますが、「入場側」の「通過センサ」は、「駅ベース内」に設置できるので、「制御機器」近辺に設置します（図1-7-4）。

■「配線回路図」の修正

各機器の設置場所と方法が決まったので、これに合わせて「配線図」を作りました。

＊

まず、「北部の制御回路」を図1-7-5に示します。「制御ロジック」と「回路」については、「入場制御の検討」と、「出発制御の検討」の検討結果を踏襲し、信号線との接続方法も表示しました。

＊

次に、「南部の制御回路」の配線図を図1-7-6に示します。

「北部」とは、「右回り」と「左回り」が反対となりますが、基本的には同じ構成です。

図1-7-2　設置場所の拡大

図1-7-3　「PICマイコン」を設置する「ホーム先端部」

図1-7-4　「構内南部」の設置場所

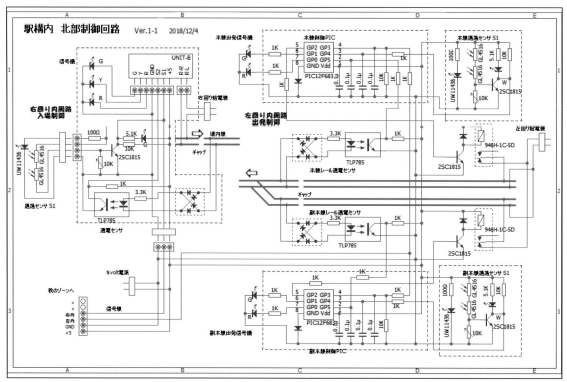

図1-7-5　「構内北部」の制御回路

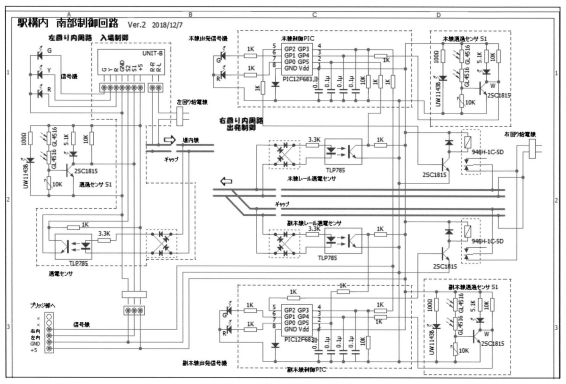

図1-7-6　「構内南部」の制御回路

■各「制御機器」の製作

今回は、設置工事を一気に進められるように
と、必要な機器を作っておくことにしました。

その工作品を**図1-7-7**に示します。

＊

これらの機器は相互の配線が必要ですが、配
線長さが分からないので、未工作のままです。

設置工事において、配線とハンダ作業の煩雑
な工事が必要となります。

＊

次に、「北部」の「右回り内周路」の「入場制御機
器」を、**図1-7-8**に示します。

設置場所が限られているため、「信号機」と「制
御ユニット」、および「通過センサ」の「調整回路」
を一体化しました。

図1-7-8　一体化した「北部右回り用」の「制御ユニット」

逆に、南部の左回り内周路の入場制御機器は、
「通過センサ」「信号機」「制御ユニット」部は、別
体化しています。

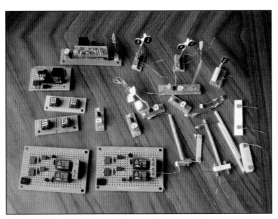

図1-7-7　必要な機器の準部

図1-8-9　「南部左回り用」の制御ユニット

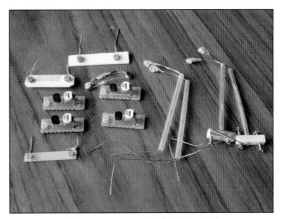

図1-7-10　ホーム内の「通過センサ」

＊

　次に、「ホーム内」での「通過センサ」は、「右回り」と「左回り」の「本線」と「副本線」ごとに必要となり、設置場所も狭いため、バラバラの状態で線路に取り付ける必要があります（図1-7-10）。

　そして、これらは線路と一体化するように工作します。

＊

　次に、「出発信号」は「設置場所」を簡単にするために、一本の「信号柱」に並べて設置する形態にしました。

　梯子（はしご）もない、実態とはかけ離れた信号機ですが、「緑」と「赤」が点灯してくればヨシとする、まったくの手抜き工作の信号機です（図1-7-11）。

図1-7-11　出発信号機

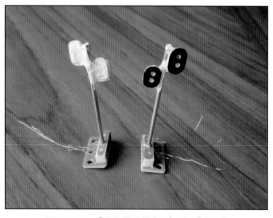

図1-7-12　「出発信号機」の「表」と「裏側」

　「ハンダ付け」や「配線」の「保護」と「固定」のために、白色の「パテ」を塗って隙間を埋めています。

図1-7-13　出発制御用の基板

＊

　最後に、「出発制御用」の基板を図1-7-13に示します。

　「給電ライン」を制御する「リレー」や「通電センサ」の部分は、「本線」と「副本線」の回路を「駅構内」の「ベース裏側」に設置する基板上に構成しました。

　「駅構内」をレイアウト上に組み付けると手が届かなくなるので、心臓部である「PIC マイコン」を別体にして、「ホーム端部」の中に設置する構成です。

　「北部制御部」と「南部制御部」は離れているので、それぞれ独立して同じ物を2セット作りました。

　これらの「Sub Assy 部品」は、相互の配線が工作されていないので、すっきりしていますが、レイアウトに組み付けると、配線がゴチャゴチャになると思います。

1-8 駅構内の工事 ［北側制御回路の工作］

この「新ATSシステム」の設置作業も最後の山場に差し掛かかりました。

いよいよ残るは駅構内の工事です。

設置に必要な制御機器の Sub-Assy 部品を工作したので、この部品を取り付ける工作を実施しました。

ここでは、「駅の北部」の工作を報告します。

■「駅北部」の「入場制御機器」の設置工作

制御機器類の設置工作は、駅構内プレートをレイアウトから取外して移動台の上で作業を実施しました。

*

まず、「駅北部」の「入場制御機器」の設置場所に合わせて「制御機器間」の配線工作を実施しました。

配線作業は、「制御機器」を取り付けた状態では工作できないので、事前に「配線作業」を実施しています。

もちろん、設置場所に合わせて配線の長さを決めています。

*

図1-8-1は、「制御ユニット」「信号機」「センサ調整処理回路」をまとめた基板を中心にして、配線を実施したものです。

このセットを「駅構内プレート」に取り付けた状態を図1-8-2に示します。

配線類が浮き上がらないように、「マスキング・テープ」で止めていますが、仕上げの段階では隠すつもりです。

「秋のゾーン」に設置した「通過センサ」からの配線を接続するコネクタとして、「4本のピンホルダー」を先端に取り付けています。

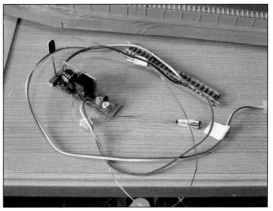

図1-8-1 「北部右回り用」の「制御ユニット」の組み付け

図1-8-2 線路への取り付け

■「出発制御機器」の設置工作

次に、「出発制御機器」の配線作業として、まず「通過センサ」の取り付け工作から始めました。

*

設置場所が狭いために、別体化した「通過センサ」とその「処理回路」の取り付け位置を決め、線路側の穴あけなどの工作をして、そして「処理回路配線」のハンダ付けを実施します（図1-8-3）。

*

工作場所が狭いうえに暗いので、見栄えよりも確実なハンダ付けを心掛けたため、どうしてもイモハンダ状態となっています。相変わらず下手です。

レールへの取り付け状態を**図1-8-4**に示します。

黒く太い熱収縮チューブは、「投光用LED」の「100Ω抵抗」が配線途中に挿入されているため、絶縁用に被せています。

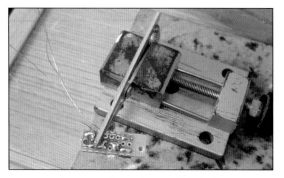

図1-8-3 「センサ」のハンダ付け作業

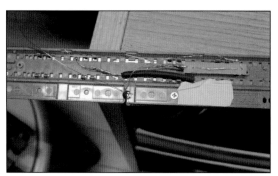

図1-8-4 線路への取付け

作業後に、機能チェックを実施しました。

安定化電源から「5V」を供給し、「センサ」と「調整回路」の作動状態を確認しました。

図1-8-5 組み付け後の機能チェック

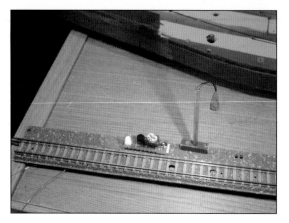

図1-8-6 作動状態の確認

*

次に、心配していた「車両限界」の確認です。

通常電車や列車ではOKでしたが、「Bトレ」の「新幹線車両」では、わずかに「半固定抵抗部分」が接触していました。

そこで、このユニットを外側に2mm 移動させる手直しを実施しました。

その確認時の写真を**図1-8-7**に示します。

*

センサの「ポール部分」と「半固定抵抗部分」との隙間は、確保されているのが分かります。

図1-8-7 車輌限界の確認

図1-8-8　車輌とのスキの状態

　そして、レールへの給電配線を実施して、レール部分の工作を完了します。
　「本線側」と「副本線側」の2セットを工作します（図1-8-9）。

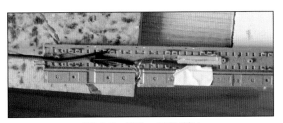

図1-8-9　線路への取り付け

図1-8-10　コネクタを追加した「中央制御基板」

　次に、いちばんややこしい「中央制御基板」の配線工作を始めるにあたり、「部品」と「設置場所」の現物を前にして、急遽方針を変更しました。
　　　　　　　　　　　＊
　当初は、ホーム先端の裏側に設置する「PIC用基板」との配線を、直接ハンダで接続の予定でした。

　しかし、ハンダ付けによって配線を固定してしまうと、回路修正や不良個所の手直しが発生した場合、ハンダ付けした部分を取り外して作業しなければならないのでは、との懸念がありました。

　そのため、各ユニットが容易に取外しできるように、コネクタを使った配線方法に変更することにしました。
　このため、中央制御基板の空きスペースに急遽コネクタを追加し、配線を追加しました。

　その結果を、図1-8-10に示します。
　　　　　　　　　　　＊
　ここで、「給電線」との接続は「ターミナル・ブロック」を使いました。

　基板の脱着時に、レールも一緒に脱着させるのは大変なので、給電線の取り外しが簡単にできるように、「ブロック」による接続にしました。

　そして、ホーム先端の裏側に設置する「PIC用基板」と、「信号機」や「通過センサ」などとの配線具合を図1-8-11に示します。
　もうゴチャゴチャです。
　　　　　　　　　　　＊
　配線が完了した状態を図1-8-12に示しますが、きれいに収まっているのが分かります。

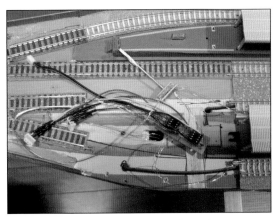

図1-8-11　「ホーム先端部」の配線

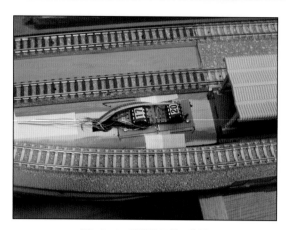

図1-8-12　配線終了後の状態

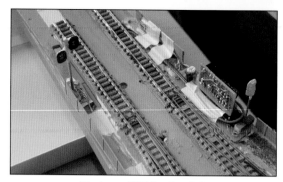

図1-8-15　設置完了後の状態

裏側が**図1-8-13**のような状態になっています。

配線が飛び出し引っ掛ける恐れがあるので、最後には「保護カバー」が必要でしょう。

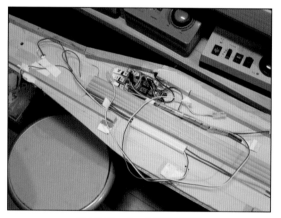

図1-8-13　ホーム裏側の配線

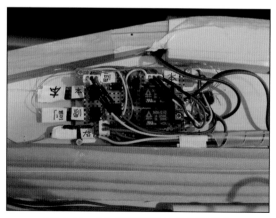

図1-8-14　「中央制御基板」の取り付け状態

出発信号の取り付け部分を、**図1-8-15**に示します。

従来からあったTOMIXの信号機は撤去して、手作りの信号機を鎮座させました。

■設置後の機能チェック

北部構内の配線工事が完了したので、機能チェックのためにレイアウトに戻してテストを実施しました。

◆「右回り線」の「入場制御」のチェック

「制御電源」を投入して信号機の動作を観察しましたが、「スイッチON」後、「緑」からすぐに「橙」に移行し、そのままの状態でした……。

アセンブラを一つずつ追っていくと、「goto記述」の行先にミスを見付けて修正し、再チェックすると、正常に作用するようになりました。単純なプログラムミスでした。

◆「左回り線」の「出発制御」のチェック

こんどは、「出発制御」の動作をチェックします。

このテスト走行によって、次の問題点が分かりました。

---

① なぜか「副本線側」は、「赤信号」を無視して通過してしまう。

② 「最初にスイッチを"ON"した場合」と「ポイントを切り替えた場合」、「前方」は「通電状態」なのに「赤信号」を表示する。

＊

◆第1の問題点について

「本線側」は正常に作動しているのに、なぜ、「副本線側」で信号無視が発生するのか理解できませんでした。

最初に疑ったのは、「PICマイコンのプログラム不良と考えて、PICマイコンを本線側と交換してみました。しかし、結果は同じでした。

次に、配線不良では？と考え、「PICマイコン」を取り外し、ソケット部分の信号電圧をチェックしてみました。

通電具合や電圧をチェックしても、回路は正常に機能していることが確認できましたが、後は何が考えられるのか頭に浮かばず、迷宮入りかと…ボケーッと眺めていました。

何気なしに「入場側」のポイントを見ているとき、「直線側」に「ギャップ」がないことに気が付きました。

旧タイプのポイントを使っていたのです。

この「直線側」の線路は、本線の右側、すなわち進行方向の右側ですから、「プラス」になります。

これが、ギャップ無しにまっすぐつながっていることになるので、ハッと気が付きました。

本線と副本線のプラス側はつながっているのでは？
＊
さっそく、ストック品のポイントを取り出して、「通電状態」（抵抗値の測定）をチェックしてみました。

そのときの様子を、**図1-8-16**に示します。

図1-8-16が直進状態で、抵抗は「無限大」。**図1-8-17**が分岐状態で抵抗値は「ゼロ」です。

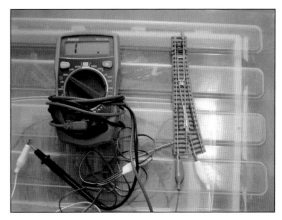

図1-8-16　直進状態で抵抗は無限大を表示

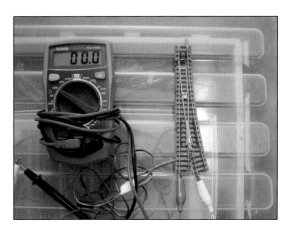

図1-8-17　「分岐状態」で抵抗は「ゼロ」を表示

＊
推測は図星でしたね！

旧タイプのポイントは、「分岐状態」といえども、プラス側としている右側の線路は、「本線側」と「副本線側」は連通しているのです。

このため、「副本線」のリレーを切って通電を止めても「本線側」から通電されてしまうので、列車を停止させることができないのです。

信号無視された原因が判明しました。
＊
対策として、入場側のポイントを新タイプのポイントに交換することです。

ちなみに、新タイプのポイントで同じチェックをした状態を、**図1-8-18**、**図1-8-19**に示します。

図1-8-18　「直進状態」で抵抗は「無限大」を表示

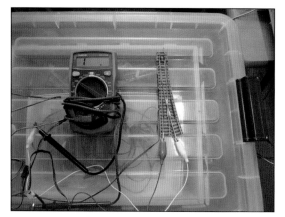

図1-8-19　「分岐状態」でも抵抗は「無限大」を表示

　思わぬ落し穴に、ハマってしまいましたが、TOMIX製ポイントの新タイプは「完全選択式」と呼ばれているものです。

◆「第2の問題点」について

　こちらのトラブルは、プログラムの記述ミスでした。

*

　出発制御の検討に示したフローチャートの中で、最初の「通電チェック」とS2をチェックの後に記述すべき、"信号を緑にする記述"が抜けていたのです。

　このため、正常な待機状態になっているにも拘わらず、「赤信号」を点灯した状態のままとなっていたのです。単純なプログラムのミスでした。

　駅構内の「入場制御」と「出発制御」の機能をチェックし、正常に作動することが確認できました。

　そして、設置工作の最後の作業として、駅南ゾーンの工作に安心して取り掛かることができます。

*

　それにしても、単純ミスが重なってしまいました。後期高齢者にとっては、簡単なプログラムといえども侮れません。

　バグを見つけて解決できたときの喜びは捨てがたいものがありますが、これもホビーとしての楽しみとして満喫することにしましょう。

1-9　「駅構内の工事」　「南部制御回路」の工作

　この「新ATSシステム」の設置作業も、最後の山場に差し掛かりました。

　残るは「駅構内」の工事だけとなり、「駅の右側」、すなわち「南側」の部分の工作状況を報告します。

■「駅南部」の「入場制御機器」の設置工

　「駅の南部」は、ホームまでのアプローチが長くなっています。

　このため、「駅プレート」上にすべての機器を設置することができました。

　　　　　　　　　＊

　順不同ですが、設置後の状態を**図1-9-1**に示します。

図1-9-1　機器設置後の「駅南部」の全景

図1-9-2　「入場制御機器」の全景

　まず、「駅南側」の入場制御機器について、その設置場所を決めました。

　適切な場所がなかったので、他の場所と同様に、「トンネル出口」の「高架壁側面」を使うことにしました。

図1-9-3　線路側から見た「入場制御機器」

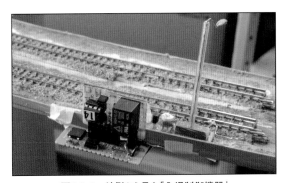

図1-9-4　外側から見た「入場制御機器」

図1-9-5 下から見た「入場制御機器」

図1-9-6　「信号機」の設置状態

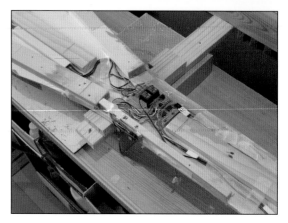

図1-9-8　「制御部」の状態

「入場信号機」は、図1-9-6のように「ポイント脇」に設置しました。

向こう側には、「右回り線」の出発信号機が見えています。

その「右回り線」の制御機器は、高架プレートの裏側に設置しました。

図1-9-7に駅プレートの裏側の状態を示しますが、右端に見えるユニバーサル基板は、「左回り線」の入場制御機器であり、左端に見える基板が「右回り線」の制御機器です。

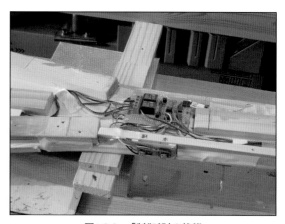

図1-9-9　「制御部」の状態

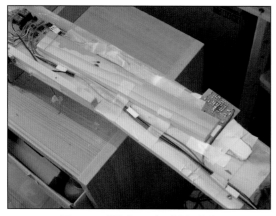

図1-9-7　「駅プレート」の裏側の状態

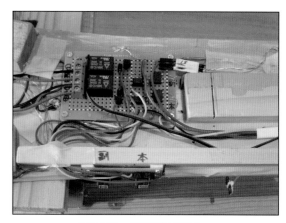

図1-9-10　「制御部」の拡大

図1-9-11 「PICマイコン」の取り付け場所

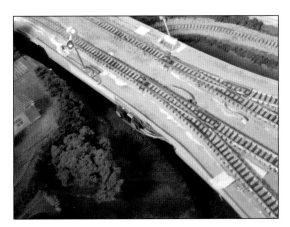

図1-9-13 「制御機器」の作動状態

この基板には、「PICマイコン」を取り付けていません。

駅プレートの裏側となるので、ソフト変更時の「PIC」の脱着が容易にできるようにと、「高架壁」の「側面」に設けることにしました。

ここは、レイアウト正面からは見えない「裏側」になります。

制御基板は、レイアウトに設置した状態では、図1-9-12のように隠れてしまいます。

「制御機器」の作動時の状態を図1-9-13に示します。

図1-9-14 手前から見た「制御機器」の作動状態

図1-9-12 「高架駅」下の状態

図1-9-15 「センサ用の照明」の点灯状態

■「出発ロジック」の問題点

制御機器の設置が完了したので、「北側」と合わせて作動の確認を実施しましたが、新たな問題点が発生しました。

＊

最初は狙いどおりの作動を実施していましたが、いつの間にか応答しなくなる現象がたびたび発生しました。

どこかの袋小路に入り込んでしまっているようです。

＊

特に「ポイントの切り替え」を実施した後に発生するようでした。

いろいろ原因を探りましたが、発生状態の再現も確認できず、諦めてしまいました。

＊

推定原因として、「出発制御の検討」で紹介した「ATS-test-7-2」のプログラムでは、多くのループを使っていること。

このループに入ると、決められた状態にならなければ抜け出せません。

また、この出発制御の場合、「本線」と「副本線」の切替というランダムな状態が入り込むため、このような決められた順番で現象が現われてくるとは限らないことに気が付きました。

＊

①ポイントの切り替えで発生する前方の通電状態、②前方区間の列車の存在の有無、そして、③ホームに入って来た列車の存在について——この3者の状態を絶え間なくチェックして、それぞれのケースに応じて処理を実施する必要があります。

＊

すなわち、フローの流れは上から下へ常に一方向に流れ、その繰り返しのサイクルを常に回している必要があると判断しました。

＊

しかし、この考えはなかなかうまくいきませんでした。

ホームを通過した後、前方区間の通過センサが列車をセンシングするまでの間において、**列車が存在していることをどうやって認識するのか？**という課題に四苦八苦しました。

＊

今までの通常の制御であれば、「通過センサ」を通過後は、列車が脱線したり消えて無くなったりしない限り、次のステップとして「前方区間」のセンサを確実に通過するので、このセンサのセンシングを待っていればよかったのです。

しかし、今回の場合、その間にポイントを切り替えると、その状態は変化してしまうのです。

現在のセンサでは、把握できない状態になるのです。

そこで、列車が通過して「前方区間を走行しているというフラグを立てる」ことにしたのですが、このフラグの処理でも四苦八苦したのです。

＊

「Ver.7」となって、やっと満足できるプログラムに仕上げることができました。

＊

列車を停止させるフラグFGと、その準備を行なうサブフラグFGCの、2段階に分けて判断するロジックです。

また、上から下に流れるルートについて、その内容を図1-9-15に示します。

この5つのルートのどれかを常に走っているはずなので、状態の変化を瞬時に把握して対応するはずです……！

「ルート5」において、赤と緑を同時に点灯させたのは、他の状態と区別するために設定したもので、実際の鉄道ではあり得ないと思います。

「4灯式」とか「5灯式」などの信号もあるので、我が路線の独自の規定とすることにしましょう。

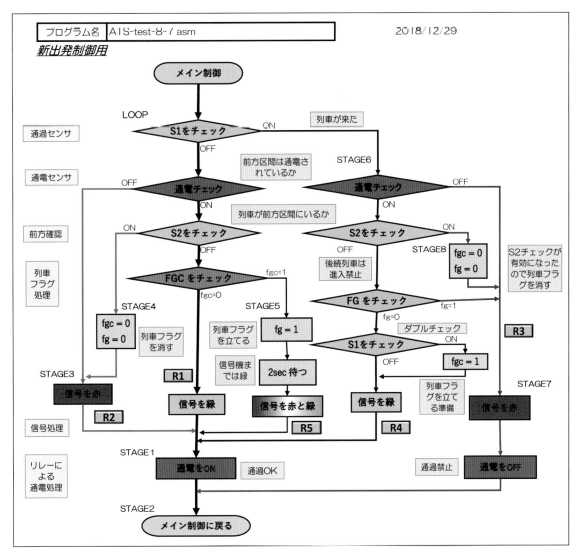

図1-9-15 制御フローの改良

表1-9-1 制御ルートの内容

ルート	ルート名称	状態
R1	スタンバイルート	制御は待機状態で、列車の侵入と通過を許可する。
R2	前方警告ルート	前区間進入不可であるが、ホームまでは進入OKである。
R3	停車ルート	出発は不可なので、ホーム内で停車のこと。
R4	列車通過後	列車はホームから発車OKで、列車が通過後はフラグを立てる準備をする。
R5	列車フラグ設定	列車は発車した。列車フラグを立てて、2秒後に信号を赤and緑にせよ。 列車は前方区間を走行中なので、もし後続列車が来たら停車のこと。

第2章

ATSシステムの試運転と仕上げ

レイアウトに組み込んだ「ATSシステム」について、その作動確認を実施しました。ここでも予想外の現象に遭遇しましたが、その対応を実施してステムの完成度を高めました。

そして、最後に追加工作した部分の修復とレイアウトの見栄えをはかり、楽しめるレイアウトに仕上げました。

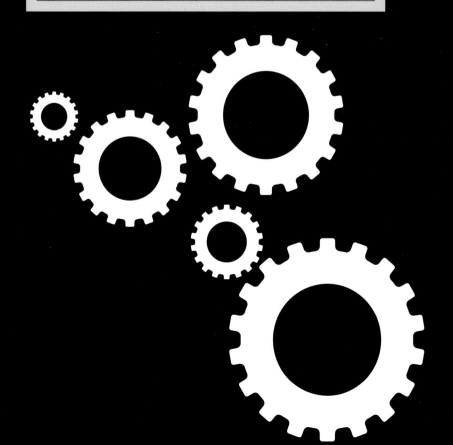

2-1 試運転の実施

　「ATSシステム」の設置工事が完了したので、試運転を実施し、「不具合点の抽出と対策」を行ないました。

■試運転の実施

　レイアウトにいろいろな「車両」をセットして、システムの作動状態をチェックしました。

　「蒸気機関車」や「電気機関車」で牽引した「旅客列車」、「旧型貨物列車」、「コンテナ列車」、「電車」や「新幹線」などを走らせました。

　また、「Bトレ車両」も走らせましたが、「線路」の整備不良による凸凹によって、「カプラー」の自然開放が多発しました。

図2-1-2　テスト走行を実施した「列車」

　このため、2軸車両で対応したTOMIXの「TNカプラー」に交換して対応するも数が多いので、未対応の車両も多いです。

　また、「タンク車」や「コンテナ車」には「重り」を追加して、約20グラム重量になるように加重しました。ほぼ倍増です。

*

　この他にも、「動力車」の走行特性を層別して、4種類に分類し、同じ走行特性の動力車を走らせるようにします。

図2-1-1　テスト走行を実施した「新幹線」

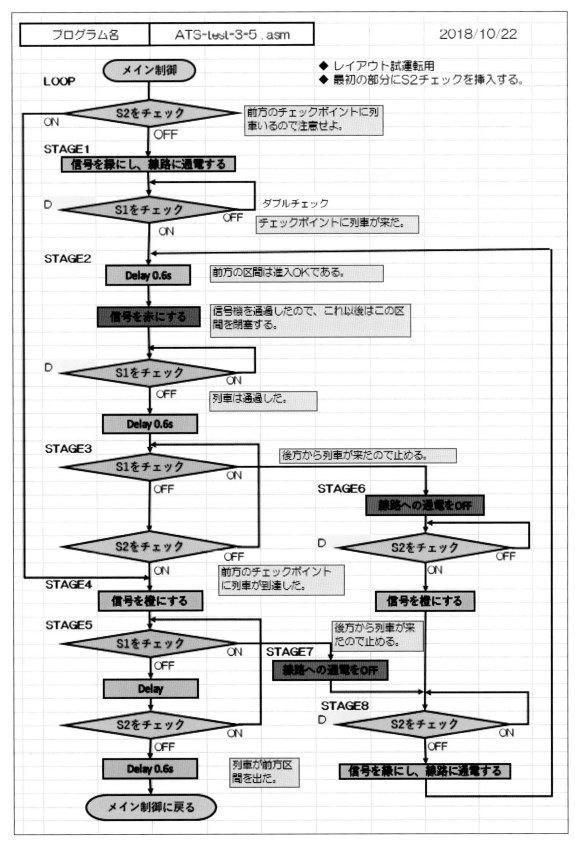

| プログラム名 | ATS-test-3-5.asm | 2018/10/22 |

メイン制御

◆ レイアウト試運転用
◆ 最初の部分にS2チェックを挿入する。

LOOP

S2をチェック
ON
OFF

前方のチェックポイントに列車いるので注意せよ。

STAGE1
信号を緑にし、線路に通電する

D
S1をチェック
OFF
ON

ダブルチェック
チェックポイントに列車が来た。

STAGE2
Delay 0.6s

前方の区間は進入OKである。

信号を赤にする

信号機を通過したので、これ以後はこの区間を閉塞する。

D
S1をチェック
ON
OFF

列車は通過した。

Delay 0.6s

STAGE3
S1をチェック
ON
OFF

後方から列車が来たので止める。

STAGE6
線路への通電をOFF

S2をチェック
OFF
ON

D
S2をチェック
OFF
ON

前方のチェックポイントに列車が到達した。

STAGE4
信号を橙にする

信号を橙にする

STAGE5
S1をチェック
ON
OFF

後方から列車が来たので止める。

STAGE7
線路への通電をOFF

Delay

STAGE8
D
S2をチェック
ON
OFF

S2をチェック
ON
OFF

Delay 0.6s

列車が前方区間を出た。

信号を緑にし、線路に通電する

メイン制御に戻る

図2-1-3　改良した「ATS制御フロー」

このほか、走行テストの結果、いくつかの不具合点が見つかったので、リストアップします。

---

① 信号電源をリセットしたときの信号無視が、ときどき発生。

② ヤードに列車を入線させたものの、通過しようとする後続列車が前の「閉塞区間」で停車したままになっている。

　これは、列車が途中で消えてしまったことによるバグであることに気が付いた。

③ ブリッジの接続部は、線路同士をつなぐジョイナーを使っていないため、どうしても線路にズレが生じてしまう。

　この段差によって、車輪が浮き上がって脱線するケースが多い。

①「リセット時の信号無視」の件

　一般の制御部において、リセット時の信号無視の発生は、最初の状態のチェックが充分でないことによります。

　システムの構想での制御の概要の図において、**場面1** では先に電車がいるのにチェックを怠ったからです。

　そこで、最初に「S2」のチェックを実施するようにロジックを変更しました。

＊

　その他に、誤動作防止のため、「S1」や「S2」のチェックにおいて、ダブル・チェックを実施するように設定しました。

　改良したフローチャートを、**図2-1-3**に示します。

②「列車が途中で消えてしまう」の怪

　テスト走行中に気が付いた、ロジック上のバグです。

　左側のヤード出入口において、他の列車との衝突防止のために、「左回り」の閉塞区間を閉塞させる制御をしています。

　これは、ヤード出入りスイッチを設けて、通過センサ回路に疑似信号を流すだけの、簡単な回路でした。

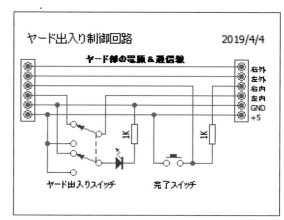

図2-1-4　改良した「ヤード出入り制御回路」

　当初は、「左回り」の列車だけを止めればよいと考えていましたが、考えが甘かったようです。（「システムの構想」を参照）。

　「右回り」で入線した列車の後続列車は、先方を走る列車がヤードに入線したのに、まだ本線を走行中であるとの信号のもとに、手前の閉塞区間で永久に停車させられていたのです。

　すなわち、先方を走る列車が、"途中で消えてしまった"のです。

＊

　この対策として、上のような回路を追加しました。

　列車がヤードに入線完了後に、「完了スイッチ」を押すようにしました。

　消えた列車の代わりに、「通過しました」という疑似信号を送信するようにしたのです。

　通常は「1kΩ」の抵抗を介して接続されている信号線に、「+5V」のHIGHレベルの信号を流すだけの簡単な回路です。

　そして、設置場所もヤードのコントロール操作部に新しく設けました。

図2-1-5 ヤードのコントロール操作部を追加設置

図2-1-6 追加設置した操作部

では、「もう一方の出入り口」はどうでしょうか。

＊

「秋のゾーン」にある「ヤード出入り口」では、本線に出る「右回り」の列車の衝突防止のために、「右回り本線」と「左まわり本線」の列車の進入を止める、「疑似信号スイッチ」は必要です。

一方、「左回り本線」からヤードに入線させる場合には、列車と衝突する危険はないので、この信号操作は不要です。

入線後に本線から列車が消えてしまいますが、このときに「疑似信号」を発信するスイッチがあるので、このスイッチを使えばOKです。

別のスイッチは必要ありません。

③「ブリッジ部のギャップズレ」による脱線対策

「ギャップ部」の線路ズレが生じた段差によって、車輪が浮き上がって脱線します。

これを防止する対策として、精度向上を努力しましたが、限界があるので、簡単な対象療法をしました。

もし、ギャップで車輪が浮き上がっても脱線しなければよいので、レール内側にガイド部を工作しました。

図2-1-7 ブリッジ部の脱線対策

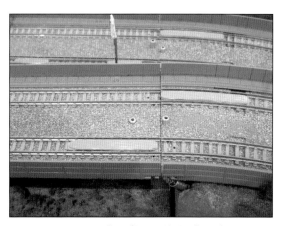

図2-1-8 ブリッジ部の脱線対策「詳細」

この方法は効果があったようで、その後の脱線はなくなりました。

■「バリアブル・レール」の見栄え向上

　模型店で"ワイドPCバリアブル・レール"「V70-WP(F)」を見つけました。

　地方の模型店では見掛けない製品であったので、迷わず手に取ってしまいました。

　さっそく、レイアウトに組み込んでみました。他の場所にも展開したいのですが…。

図2-1-10　バリアブル・レールの見栄え向上

■プログラムの最終仕様

　ここで、プログラムの最終仕様をまとめておきます。参考にしてください。

図2-1-9　バリアブル・レールの見栄え向上

表2-1-1　プログラムの最終仕様

使用場所	フローチャート	アッセンブラ プログラム	使用したPICマイコン
一般制御	ATS-test-3-5.pdf	ATS-test-3-5.asm	12F635
入場制御	TS-test-6-2.pdf	ATS-test-6-2	12F683
出発制御	ATS-test-8-7.pdf	ATS-test-8-7.asm	12F683

フローチャートPDFやアセンブラプログラムは、工学社のホームページからダウンロードすることができます。

工学社
https://www.kohgakusha.co.jp/

「サポート」タブ→「出版物サポート情報」クリック
→鉄道模型 自動運転のレイアウト

2-2 仕上げ工作

「ATS」(列車自動停止装置)のシステムを完成させることができたので、レイアウトとしての仕上げを実施しました。

設置作業による工事で傷んでしまった場所の補修や、修正の実施と、レイアウトの見栄え向上などのグレードアップ工作です。

■「秋のゾーン」の手入れ

このゾーンの工作がいちばんの手間でした。

レイアウト・ベースやプレートをひっくり返して作業する必要があったからです。

図2-2-1 線路類の取外しと工作材料の準備

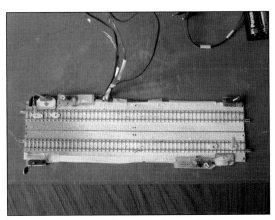

図2-2-2 機関区とヤードプレートの取外し

「秋の景色」に模様変えするため、必要なター

ブなどを買い込み、プレートを外して工作しました。

ATSシステムの完成を祝っての飾りつけとして、きれいにしよう!

信号機まわりや、センサなどの制御機器類が上手に隠せるように、隙間を埋めていきました。

図2-2-3 「秋のゾーン」プレートの取外しと地面工作

図2-2-4 制御部周りの手入れ

そして、システム施工に関係しなかった場所に対しても、入念に手を入れました。

図2-2-5　「冬ゾーン」との境にも手を入れます。

図2-2-8　秋のゾーンと機関区の遠景

　もちろん、ATSシステムや照明回路に不具合ないか確認して、完成です。

図2-2-6　「秋」から「冬」への移行部分

　地面工作が完了すると、元に戻して全体のバランスをチェックします。
　なかなか立派な風景となったと自己満足です。

図2-2-9　信号機の点灯状態

図2-2-7　地面工作の完了

図2-2-10　照明回路の点検

■「春のゾーン」の手入れ

このゾーンも大幅に手を入れました。

殺風景であったヤードを、春の景色に模様変えするとともに、トンネル手前にもストラクチャを補充しました。

図2-2-11　トンネル手前の追加工作

図2-2-12　ヤード部の春の風景

壁には、「春景色」のポスターの写真を貼って、背景代わりにしています。

図2-2-13　「桜の木」の植樹と背景

図2-2-14 上から見たトンネルの入口部

■夏のゾーン

ここは簡単な補修で充分でした。

図2-2-15　「照明類」を点灯して点検

図2-2-16　「駅南部」の高架部

■「制御装置」の隠蔽

　「制御装置」がムキ出しになっている個所について、目立たないように隠蔽工作を実施しています。

　たとえば、「ブリッジ右側の高架下」の場合は、丘の一部としてカバーを取り付けました。

図2-2-17　ムキ出しの「ブリッジ右側の制御機器」

図2-2-18　丘を模したカバーで、カモフラージュ

　また、ブリッジ左側の外周路線路脇では、建コレ070-3 の「プレハブ事務所」を使って、線路脇の「作業小屋」として仕上げました。

　「LED」は、建物内の照明として点灯しています。

図2-2-19ブリッジ左側の外周路線路脇

図2-2-20　「作業小屋」でカモフラージュ

　同じく、ブリッジ左側の内周路線路脇では、狭くて「プレハブ事務所」が使えないので、ボードを使って工作しました。

　用途不明のコンクリートの塊り？　気にしない！

図2-2-21　ブリッジ左側の内周路線路脇

図2-2-22　コンクリートブロック風にカモフラージュ

「駅構内」の「入場制御部」にも、「プレハブ事務所」を設置しました。

図2-2-23　駅構内の入場制御部

図2-2-24　「プレハブ事務所」でカモフラージュ

反対側でも、同じ事務所を使っています。

図2-2-25　北側の駅構内の入場制御部

図2-2-26　作業小屋でカモフラージュ

■システムの完成

　まだまだ、不満な点はいくつもありますが、当初の目標は達成できたので、レイアウトの完成を祝って乾杯とすることにします！

2-3　「12F635」を使う

この「制御システム」に使っている「8ピンPICマイコン」は、当初は「12F635」を使う予定でした。

しかし、教則本の例題は機能の豊富な「12F683」を使っていました。

このため、安全を見て、両方のタイプを入手して工作を始めました。

最初は、「12F635」を使い、教則本に示されたサンプル・プログラムを打ち込んでみたのですが、アセンブル・エラーばかり出て、素人にはお手上げでした。

教則本のどおりの「12F683」に変えて、プログラム構築を進めたいきさつがあります。

しかし、同じ仲間の「12F635」が使えないのはなぜなのか。

疑問のままでは見過ごすことができなかったので、再度挑戦することにしました。

■「12F635」のエラーの内容と対策

プログラム記述のための「エディタ」と「アセンブラ」は、「MPLAB IDE」を使い、バージョンは「v8.53」です。

教則本で紹介されているものと同じ、と認識しているのですが……。

そして、マイコンに書き込むためのライタとして、「PICkit 3」を使っています。

◆「_INTOSCIO」がエラーになる

なぜか、アセンブル時に「_INTOSCIO」が定義されていないとエラーになってしまい、前に進みません。

そこで、このコンフィグの意味を、あちこちで調べてみました。

すると、「内部クロック」か「外部クロック」かの選択と、「クロック信号を出力する」か「しないか」を決める大切なコンフィグであることが分かりました。

さらに、これらに関するポートは、「GP4」と「GP5」を「I/Oポート」として使うかどうかも設定しているのです。

ちなみに、このコンフィグ部分を消してアセンブラを掛けると問題なく通るのですが、マイコンの作動はダンマリでした。

「なぜ12F683ではOKなのに、12F635ではNGとなるのか……？」

「Informations about the PIC microcontrollers」で、PIC12F635とPIC12F683の仕様を比較してみました。

PIC12F635とPIC12F683の表を見ながらその違いを見てみましたが、両方とも同じように、「FOSC=INTOSCIO」として定義されているようです。

それぞれの仕様を見ていてもよく理解できないので、結局は、「このソフトのバグとではないか？」と疑うようになりました。

＊

しかし、それでは対策にならないので、ソフトのあちこちの項目を探っていたら、下記の項目を見つけました。

注目したのは、「Configuration Bits」という項目の「Configuration Bits set in code」とある「チェック・ボックス」が、デフォルトでチェックされている点でした。

このチェックを外すと、下の欄の項目が選択できるのです。

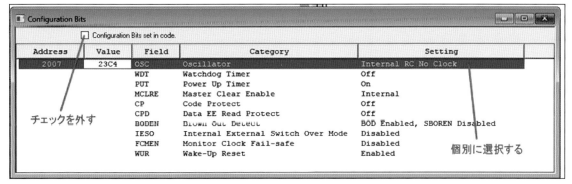

図2-3-1 Configuration Bits の表示

「Field」の欄の「WDT」を見て、「ウオッチ・ドックタイマ」の項目だと理解し、ここの欄で、コンフィグが手動で設定できることを理解しました。

そして、他の項目の内容を猛（？）勉強して、その意味を理解できたので、図2-3-1のような選択を設定しました。

オッシレータの項目は、「Internal RC No Clock」を選びました。

各選択項目に対して、自分なりに学習し解釈して設定した理由を、下記に示します。

そして、プログラムをアセンブリして「PIC」に書き込み、制御ユニットにセットしたのですが、結果は期待外れで……「緑LED」が点灯したままでした。

◆教則本の「サンプル・プログラム」を走らせてみる

もし、コンフィグが正常にセットされているのであれば、教則本に示された簡単なプログラムは作動するはずです。

そう考えて、教則本に紹介されているプログラムを最初から実行してみました。この推定はまさに正解でした。

リスト4-1、リスト5-1は問題無く作動したので意を強くしたのですが、リスト6-1では途中で止まったままでした。

このプログラムは、LEDを時間をおいて点滅させるもので、タイマー設定を使います。

そのタイマー設定には、「汎用レジスタ」を使います。

今回作動させようとしているプログラムの完成状態ですが、そのタイマー作動部分は、教則本の内容をそっくり活用しています。

教則本のプログラムも動かない！

これは、PIC12F635とPIC12F683の差異に違いないと判断して、そのポイントは「タイマー」部分にあると推測しました。

そして、この「タイマー」のカウントを記憶する部分は、汎用レジスタを使っているので、ここが怪しいと睨みました。

＊

PIC12F635とPIC12F683の「レジスタファイル一覧表」を比較してみました。

見つけたぞ！ PIC12F635とPIC12F683の違いを！
そうです。

＊

　汎用レジスタのアドレスは、PIC12F683は「0x20〜」であり、PIC12F635は「40h 〜」と記されていました。

　「40h」は16進数の表示方法なので、「0x40」と同じです。レジスタのアドレスが違っていたのです。

＊

　そこで、プログラムの7行目と8行目のように、アドレス指定を変更して、再度機能チェックを実施してみました。

大成功でしたね！

　これで、安心して、PIC12F635 の石を使用することができるようになったので、プログラムのチューニングに集中できるようになりました。

　結論としては、PIC12F635 と PIC12F683 とはレジスタのアドレスが異なっているので注意すること。

表2-3-1 コンフィグ項目の設定内容

Field	Category	Setting	項目の意味と選択した理由
OSC	Oscillator	Internal RC No Clock	オシレータの種類。PICマイコンを動作させるクロックを外部から供給するのか、内部クロックを使うのか、またそれぞれに対してより詳細な設定を行なう。 内部クロックを使い、クロック信号をポートからも出力しないので、「Internal RC No Clock ⇒ _INTOSCIO」を選択する。 この設定によって、2番ピンを「GP5」とし、3番ピンを「GP4」として使える。
WDT	Watchdog Timer	off	ウオッチ・ドックタイマ使用の有無。使わないを選択する。
PUT	Power Up Timer	on	パワーアップタイマ有効・無効。電源投入直後やリセット直後は電源の状態やPIC内部の動作状態が不安定なケースがあるので、その間ちょっとだけPICマイコンの動作を停止させておく、というタイマー設定。 「使用する」を選ぶ。
MCLRE	Master Clear Enable	Internal	マスタクリア有効・無効。PICマイコンも外部アーク情報システムからリセット信号を与えることができる。外部からリセット信号を使わないので、マスタクリアを無効にする。このため、4番ピンを外部からのリセット信号用ポートではなく、「GP3」として使うことができる。
CP	Code Protect	off	プログラム・メモリコードプロテクト有無。コード・プロテクトしない。
CPD	Data EE Read Protect	off	EEPROMメモリコード・プロテクト有無。コード・プロテクトしない。
BODEN	Brown Out Detect	BOD Enabled, SBOREN Disabled	電源電圧低下時の処理選択。電源電圧低下リセットを有効にする。
IESO	Internal External Switch Over Mode	Disabled	内部・外部切り替えモード選択。PICマイコンの起動をスムーズにするために、電源投入直後は内部クロックで、ある程度時間が経ったら外部クロックに切り替える、という設定が可能。 外部クロックは使わないので、無効にする。
FCMEN	Monitor Clock Fail-safe	Disabled	フェールセーフクロックモニタ有効・無効。外部クロック故障時に内部クロックへの切替。 外部クロックを使わないので、無効にする。
WUR	Wake-Up Reset	Enabled	ウェイクアップリセット。 スリープからウェイクアップする際のリセットの設定。

リスト2-3　「PIC F12F635」を使った場合の記述例

```
1    #include P12F635.INC        ; PIC12F635用のヘッダファイルの読み込み
2
3  ; コンフィグレジスタの設定
4  ;    __config _BOD_ON & _WDT_OFF & _MCLRE_OFF & _INTOSCIO
5
6  ;ファイルレジスタの割り当て
7  CT_DELAY1MS    equ    0x40
8  CT_DELAY100MS  equ    0x41
9
10 ; 初期設定
11     bcf     STATUS, RP0   ; バンク0
12     clrf    GPIO          ; GPIO の出力が0になるよう設定
13     movlw   0x7           ; W ← 7
14     movwf   CMCON0        ; CMCON0 ← W = 7 : コンパレータをオフ
15     bsf     STATUS, RP0   ; バンク1
16 ;   clrf    ANSEL         ; ANSEL ← 0 : A/Dコンバータをオフ
17     movlw   B'101000'     ; W ← '101000'
18     movwf   TRISIO        ; TRISIO ← W : GPIO を出力に設定
19     bcf     STATUS, RP0   ; バンク0
20
21     bcf     GPIO,0        ;信号赤を消灯
22     bcf     GPIO,1        ;信号橙を消灯
23     bsf     GPIO,2        ;信号緑を点灯
24
25 ; プログラムの主要部分
26 LOOP
   ******** 省略 *****************************

89 ; delay10us サブルーチン
90 delay10us
91     goto     $+1
   ******** 省略 *****************************
98     goto     $+1
99     return
100 ;delay1ms サブルーチン
101 delay1ms
102     movlw    D'256'
103     movwf    CT_DELAY1MS
104 delay1msL
105     call     delay10us
106     decfsz   CT_DELAY1MS, f
107     goto     delay1msL
108     goto     $+1
   ******** 省略 *****************************
115     goto     $+1
116     return
117 ; delay100ms サブルーチン
118 delay100ms
119     movlw    D'10'
120     movwf    CT_DELAY100MS
121 delay100msL
122     call     delay1ms
123     decfsz   CT_DELAY100MS, f
124     goto     delay100msL
125     return
126
127 ; プログラムの主要な部分の終わり
128     end                  ; プログラム終了
```

第3章

レイアウト設置用の速度計をつくる

蒸気機関車や新幹線の場合など、そのモデルに合わせて速度を違えて走らせていることでしょう。

模型の縮尺具合にマッチしたスケール・スピードで走らせるのが最適ですが、その設定は人によってマチマチです。そこで、レイアウトを走行する列車の速度を自動計測して表示させる装置を設置しました。

「Arduino」を使ったモデルと、「PICマイコン」を使った新しいモデルを紹介します。

3-1　「Arduino」を使った速度計をつくる

「Arduino」を使ったテーマとして、レイアウト設置用の「速度計」に挑戦しました。

この装置は、「Arduino」の他に、レイアウトを走行中の模型車両の速度を測る「速度センサ」と、結果を表示する「ディスプレイ」が必要となります。

今回は、「ディスプレイ」の「表示」を勉強する必要がありました。

■秋月の「超小型LCD」と「光ゲート」を使用

「速度」は実績のある「LED」と「フォトICダイオード」を使う方法で、測ることにしました。

「線路の上下方向」に設置すると、複線でも独立して測定できますが、線路の上方に細工する必要があるので、邪魔になります。

そこで、「横方向」に複線を跨いで設置すれば、測定ゲートは2カ所ですむので、この簡便な方式で実施しました。

このときの回路図を、図3-1-1に示します。

　＊

LEDは、最近手に入れた「超高輝度3mm電球 色LED」の「OSM54K3131A」（14,400mcd/20mA）を使いました。

また、「フォトICダイオード」には、浜松フトニクス製の「S9648-100」を使いました。

Arduinoのピン配列は、Arduino用ユニバーサル基板を使ったときの状態を想定して決めています。

「光ゲート」は、レイアウト上に直接設置するので、設置場所のプレートを取り外して、作業部屋（クーラーが効いている部屋）に持ち込んで、工作しました（図3-1-2）。

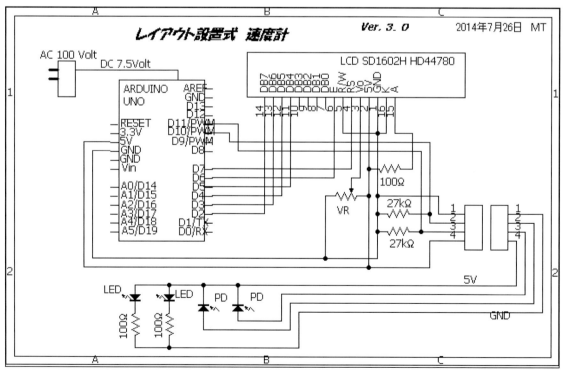

図3-1-1　レイアウト設置式速度計の回路図

この部分は少し坂になっていますが、直線部分であり、奥側が土手になっているので、「光ゲート」を設置するには格好の場所です。

まず、光を通す部分は、外径が「φ4mm」、内径が「φ2mm」のアルミ・パイプを使います。

その設置位置は、線路上の「15mm」の位置と決めます。

複線線路の上に厚さ「12.5mm」の板を置いて、その上にアルミ・パイプを置き、線路と平行を保ちながら、土手の部分の「スタイロ・フォーム」を貫通させました（**図3-1-3**）。

そして、パイプを適切な長さに切断して、奥側に「φ3mm」の「LED」をはめ込み、配線を実施後に粘土で周りの空間を埋めました。「固定と光漏れ」対策です。

＊

「受光側」の「フォトICダイオード」は外径が「φ5mm」なので、それに合うプラパイプを切断し、内側に「黒色の折り紙」を巻いてはめ込みました。余分な光が入り込むのを防ぐためです。

＊

「フォトIC」は「1mm」厚さのプラ板に固定し、プレートの枠板に固定しました。

工作途中の撮影を忘れてしまいましたが、完成した光ゲートの状態を**図3-1-4**、**3-1-5**に示します。

ゲート間の距離は「200mm」にとってあります。

図3-1-2　取り外したレイアウト部分

図3-1-3　光ゲートの光軸の位置

図3-1-4　設置した2対の光ゲート

図3-1-5　設置した光ゲートの投光側と受光側

センサ部分が出来たので、「点灯」と「受光」による抵抗の変化をテスターで確認して光ゲートの作成を完了します。

次に回路部分をブレッド・ボード上に構成して、プログラムを作成して、その作動を確認することにしました。

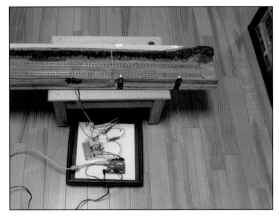

図3-1-6　作動確認テスト

図3-1-7　テスト用の回路構成

完成したスケッチを、**リスト3-1**に示します。

もっとスマートな記述があるかもしれませんが、何とか作動しているので、これでOKとしています。
その内容を記録して、置いておきます。
*
PIN 10と11は、「フォトIC」からの信号を受け、

slit1は左の測定ポイント、slit2は右の測定ポイントを示し、「光が通っている場合」はHIGHを、「遮断されている場合」はLOWを示します。

・最初に、「KUDARI」と「NOBORI」を表示させ、LCDが正常に作動していることを示す。

・slit1とslit2のどちらかが遮断されると、そのときの時刻を計測し、他方のスリットが遮断されるのを待つ。

・他方のスリットが遮断されると、そのときの時刻を計測し、時間差を計算する。

・時間差をもとにスケール速度を計算し、その値を表示する。

・スケール速度V[Km/h]は、1/150の縮尺の場合、長さをL[mm]、時間をT[sec]とすると、
$$V = 0.54 \times L / T$$
で計算される。ここでは、「L = 200mm」。

・slit1、すなわち、左の測定ポイントを先に横切った場合は、右行きの車両であるので、「下り」とする。

・その反対は、「上り」とする。

・最初の測定ポイントを通過後、他方の測定ポイントは列車の編成によって、光は断続的に通ったり遮断されたりするので、「0.05sec」ごとに光の透過具合を20回チェックする。
もし、一回でも遮断されると、その回数をクリアし、またゼロからカウントさせる。
こうして、「0.05 × 20sec」の間に、一度も光を遮断されなければ、列車は通過したものと判断し、次の測定に備える。

・速度を測定中に反対側から他の列車が来た場合は、誤差となったり、測定がパスされるが、

けむをえないものとして、対策しないことに
する。

・速度表示は、整数として表示する。細かい数
値を表示しても意味がないと判断する。

＊

一応は作動するソフトが完成したので、こん
どはハードを固めることにしました。

今回は、レイアウトに設置することを考えて
いるので、コンパクトに一体的に構成しました。

少しは回路があるので、Arduino用のユニバー
サル基板(サンハヤト製 UB-ARD03-P)を使った
シールドを作り、その上に「LCD」を装着する構
成としました。

図3-1-8は、シールドの表側です。

図3-1-8　シールドの裏側の回路構成

ハード部分の構成は、図3-1-9のように、「Ardui
no本体」、「シールド」、「LCD」の3点で、それを図
3-1-10のように、積み重ねてセットにしました。

このセットを納めるケースが欲しくなります。
そのうちに工作することにします。

図3-1-9　ユニットの構成要素

図3-1-10　組付けたユニット

レールを設置したプレートと、接続した状態
を図3-1-11、3-1-12にします。

この状態で機能テストを実施し、ハードとソ
フトの機能が正常であることを確認しました。

そして、「クリップで配線」していた部分も「ハ
ンダ付け」して、完成です。

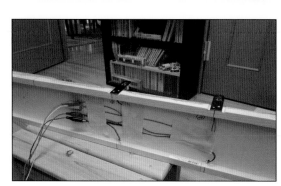

図3-1-11　レールプレート裏の配線状態

図3-1-12　ユニットの機能確認

■レイアウトに設置する

　完成したユニットをレイアウトに設置した状態を、**図3-1-13**に示します。

　「ホコリ対策シート」を巻き上げて、プレートを設置し、測定ユニットを置いてみました。

図3-1-13　レイアウトに設置

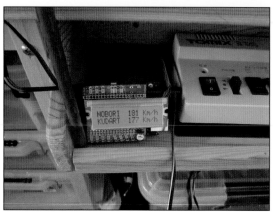

図3-1-14　ユニットの状態

　さっそく、「電車」や「列車」を走らせて、機能を確認しました。

＊

　レイアウト設置式の速度計について、**図3-1-15**のように、装置を納めるケースを制作し、表示部を固定しました。

　コンセントのスイッチを入れると、すぐに作動状態にすることができます。

図3-1-15　ケースに収めた速度計

リスト3-1 レイアウト設置速度計のスケッチ

```
********  Speed Meter G2  *********
#include <LiquidCrystal.h>
#define SLIT1_PIN 10
#define SLIT2_PIN 11

LiquidCrystal lcd(7, 6, 5, 4, 3, 2);

void setup()
{
  lcd.begin(16, 2);
  char out_str[16];
  sprintf(out_str, "KUDARI");
  lcd.setCursor (0, 0) ;
  lcd.print(out_str);
  sprintf(out_str, "NOBORI");
  lcd.setCursor (0, 1) ;
  lcd.print(out_str);
  pinMode(SLIT1_PIN,INPUT);
  pinMode(SLIT2_PIN,INPUT);
}

void loop()
{
  int slit1;
  int slit2;
  unsigned long t1;
  unsigned long t2;
  unsigned long tt;
  long V;
  char out_str1[16];
  int i;

  slit1 = digitalRead(SLIT1_PIN) ;
  slit2 = digitalRead(SLIT2_PIN) ;

  //下り線のチェック
  if (slit1 == LOW) {
    t1 = millis();
    while (slit2 == HIGH) {
        slit2 = digitalRead(SLIT2_PIN) ;
    }
    t2 = millis();
    tt = t2 - t1 ;
    V =108000 / tt ;
    sprintf(out_str1, "KUDARI %4d Km/h" , V);
    lcd.setCursor (0, 0) ;
    lcd.print(out_str1);

    //通過中の車両をチェック
    for (i=0; i<20; i++) {
      slit2 = digitalRead(SLIT2_PIN) ;
      if  (slit2 == LOW) {
        i = 0 ;
      }
      delay (50);
    }
  }

  //上り線のチェック
  if (slit2 == LOW) {
    t1 = millis();
    while (slit1 == HIGH) {
        slit1 = digitalRead(SLIT1_PIN) ;
    }
    t2 = millis();
    tt = t2 - t1;
    V = 108000 / tt ;
    sprintf(out_str1, "NOBORI %4d Km/h" , V);
    lcd.setCursor (0, 1) ;
    lcd.print(out_str1);

    //通過中の車両をチェック
    for (i=0; i<20; i++) {
     slit1 = digitalRead(SLIT2_PIN) ;
      if  (slit1 == LOW) {
        i = 0 ;
      }
      delay (50);
    }
  }
}
```

3-2　「PICマイコン」を使った速度計の構想

　「PICマイコン」を使った新しい速度計の設置の構想をはじめました。

■レイアウトに速度計を設置しよう

　レイアウト内に設置した速度計は、「3-1　レイアウトに速度計を設置する」のように、一度は実施したことがあります。

　しかし、この速度計は、レイアウト変更によってすでに撤去されています。

　その後、レイアウト変更をして完成したので、再びこのプロジェクトに取り組むことにします。

　そして、今回はさらに機能をアップした装置にします。

*

　まず、設置場所ですが、今回は「春のゾーン」のヤードの傍に狙いを定めています（**図3-2-1**）。

図3-2-1　新しい速度計の設置予定場所

　そしてここに、**図3-2-2**のイラストのような装置を組み込もうとしています。

　その内容は、「長さ140mm」の「高架複線」を使い、両側に「測定ゲート」を立てて、上から「LED」

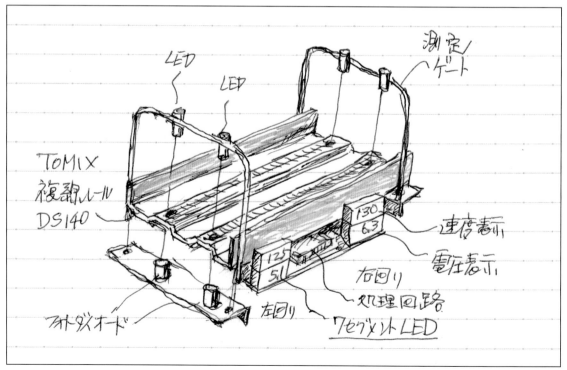

図3-2-2　新しい速度計の構想イラスト

で光線を下に照射します。

その光線を線路の穴の中に設けた「フォト・ダイオード」で受けて、車両の通過タイミングを測るのです。

そして、このゲートの「イン」と「アウト」の時間から走行速度を計算して、3桁の「7セグメントLED」に表示させます。

さらに、線路に供給されている「電圧」も測定して、表示させることも考えています。

*

今回の改良点は、

① 複線の計測をそれぞれ独立して計測して表示させる。
　車両が同時にここを通過しても、個別に測定できるようにする。
② 処理マイコンには「PICマイコン」を使い、レール下に収めコンパクトなシステムとする。
③ すべての制御ユニットは、複線レールに組み込んで一体化し、レイアウトのどの場所にでも設置できるようにする。
④ 線路に供給されている電圧も測定して、表示させる。

*

この機能を実現するには、

① 電圧表示は、この超小型2線式LEDデジタル電圧計を使う。
　この電圧計はレールの右と左に接続するだけで機能するので、超簡単に設置できる。
② 通過センサの方式は、以前と同じ方法を採用するが、光線は上から照射してセンサをレール下に埋め込むことにする。
③ 両ゲートの通過時間を計測してスケール速度に換算し、その速度を表示する。
④ 表示は見やすい7セグメントLEDを使う。

ここで、問題になるのは、「マイコンの選定」と「プログラム方法」です。

*

以前のように「Arduino」を使った場合は、同時に複線の速度計測が難しく、かつ、かさばるので今回は選定外としました。

そこで、「PICマイコン」を使ってみることにしますが、「分散式」の「新ATS」のようにシーケンス制御でなく、スケール速度換算の演算処理が必要となるので、簡単なアセンブラでは難しそうです。

掛け算には、「mul命令」とかで、16ビットのマイコンが必要になるとのこと。

*

自分は今、8ビット・マイコンを使っているので、記述言語として、「C言語」を使う必要が出てきました。

そして、「時間計測」も「割り込み処理」が必要のようですし、「7セグメントLED」もややこしそうだ…。これらも「C言語」で処理しなければならないのです。

そこで、まず、「PICマイコン」の「C言語を使ったプログラム方法」の習得に挑戦してみます。

*

……というわけで、まず「Lチカ」から学習を始めた次第です。

そして、「時間計測」と「7セグLEDの表示方法」も学習できたので、いよいよプロジェクトを正式発足させたいと思います。

■測定ゲートの製作

[1]最初に、「測定ゲート」の工作を実施します。

＊

　速度計測のための「通過タイミングの測定は、そのタイミングをキッチリと測らなければなりません。

　「ATSシステム」などの場合は、通過したかどうかを判断するので、そのタイミングは曖昧であっても良かったのです。

　このため、「光線の投光」はなるべく絞ってビーム状になるように工夫します。

　形状は、「架線柱」のような形状に倣って、**図3-2-3**の設計図（?）を書いてみました。

＊

　全体の「アーチ」部分は「φ3.0mm」の「真鍮製パイプ」を使い、ベース部分にハンダ付けをします。

＊

　「投光器」は「φ3mm」の「砲弾型白色LED」を使い、これを外径「φ4.0mm」、内径「φ2.0mm」のアルミ・パイプの一端にはめ込んで「投光器」としました。

　アルミはハンダ付けができないので、「真鍮板」で作って、ホルダを「アーチパイプ」に「ハンダ付け」するようにしたのです。

＊

[2]まず、「真鍮板」を矩形型に切り取り、内径「φ4.0mm」に曲げる工作を実施しました。

　「曲げ加工」は、まず「6mm」の「鉄の棒」（ドライバの軸）を使って曲げ、次に「4mm」の「鉄の棒」を使って仕上げました（**図3-2-4**）。

図3-2-4　投光器ホルダの材料切り出しと完成品

図3-2-5　曲げ加工に使用した丸棒

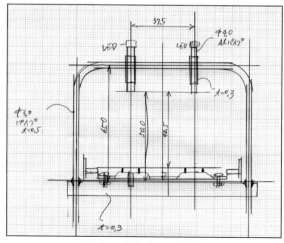

図3-2-3　測定ゲートの設計図

[3]「投光器」は、外径「φ4.0mm」、内径「φ2.0mm」のアルミ・パイプを長さ「25mm」に切り、その一端の内径を「φ3.0mm」に加工して、「φ3mm」の「砲弾型LED」をはめ込むようにしました。

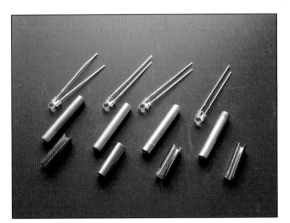

図3-2-6　投光器の構成部品

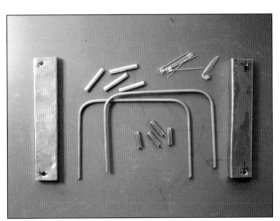

図3-2-7　測定ゲート構成部品

＊

　また、「t = 0.3mm」の真鍮板を使ってU字型に曲げ、「ベースの台」としました。

　「アーチパイプ」は、「φ3.0mm」の真鍮パイプを原寸で書いた設計図に合わせて曲げました（図3-2-7）。

[4]「パイプ」と「ホルダ」はハンダ付けで固定させますが、できるだけ正確にするため、「ベニヤ板」を使って「ハンダ付け治具」を作りました。

　この「治具」を使って、ハンダ作業を実施します。

＊

　ハンダ付けされたゲートを図3-2-10に示します。

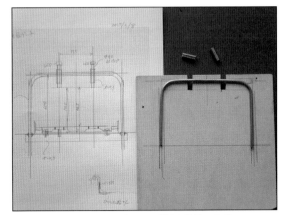

図3-2-8　ホルダのハンダ付け治具の作成

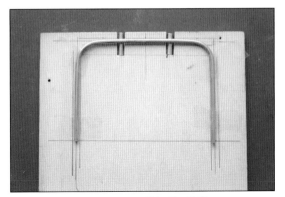

図3-2-9　ハンダ付け前の状態

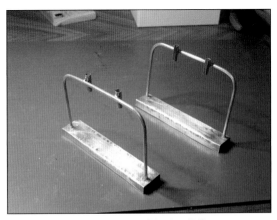

図3-2-10　ハンダ付け完了状態

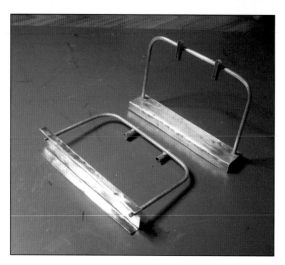

図3-2-11　ハンダ付け完了状態

図3-2-12　複線レールに取り付けた測定ゲート

＊

　この「ゲート」を「線路」に取り付けた状態を、図3-2-12に示します。

[5] 当初予定していた線路は、TOMIX の「複線レールS140(F)」(品番1061) ですが、近くの模型店では在庫がなく、代わりに「ワイドPCレールS140-WP」(品番1769) を入手しました。

　これを複線に組み立てたたものの、少し華奢のような気がしました。

＊

　精度が良くない測定ゲートを取り付けるには、剛性不足と判断しました。

　そこで、ストック箱の中から、「高架橋S140-55.5」(品番3062) を持ち出し、これを使うことにしました。

＊

　「測定ゲート」を組み付けた状態を、図3-2-12、3-2-13に示します。

　「高架橋」の裏側の「リブ」は、ゲートの「ベース」部分を取り付けるために、一部切り取っています。

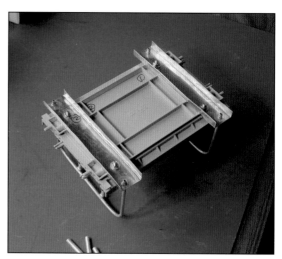

図3-2-13　レールの裏面

　そして、「投光器」のホルダの取り付け精度を確認するため、「φ4.0mm」のアルミ・パイプを使って「線路」との接点を確認しました。

＊

　少しズレている箇所は力任せに修正を実施しましたが、なかなかの強度があり、少々の力では変形しないことも確認できました。

図3-2-14　投光器ホルダの取付け精度の微調整

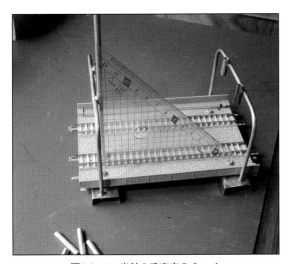

図3-2-15　光軸の垂直度のチェック

　これで、「測定ゲート」の「骨格」が出来たので、「投光器」と「センサ」の工作に入ることにします。

3-3　「投光器」と「受光器」

　ここでは、列車の「通過時間」を測定するための、「測定ゲート」に組み込む「投光器」と「受光器」を工作します。

■「光ゲート」の「投光器」の工作

　レイアウト内に設置した「速度計」は、「LED」から発光された「光線」を「センサ」で受け、この光線を「横切る」ことで列車の「通過を検知」する方式を採用しています。

　この発光部分の「投光器」を工作しました。
　LEDは、「LG電子製白色 φ3mm 砲弾型 **LEB WL34A06AA00**」（100個入り500円）を使いました。

　このプラス側の足に、室内灯で使って分解状態であった「**定電流ダイオードCRD**」の「**E-153**」を取り付け、「**外径0.29mm**」の「ポリウレタン銅線」をハンダ付けして、「熱収縮チューブ」で絶縁処理をしました（**図3-3-2**）。

　取り付け状態に合わせて、足を折り曲げています。

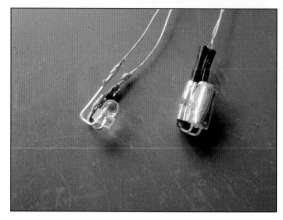

図3-3-2　投光器の構造

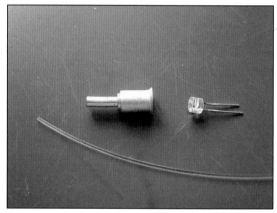

図3-3-3　受光器の構成

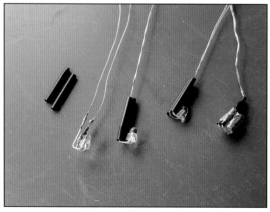

図3-3-1　投光器の工作

■「受光器」の工作

　「受光側」の「センサ」は、以前の「レイアウト設置速度計」や、「動力測定装置」でも使っていた「フォトICダイオード」を使います。

　これは有名な浜松ホトニクス製で、「**品番 S9648-100**」です。
　この部品は、ほぼ可視光線にのみ反応するように作られていますが、受光部が「0.46×0.32mm」と小さいので、スポット的に受光する今回のケースには有効だと判断して採用しました。

ただ、この製品は**図3-3-3**ように、「外径φ5.0mm」で「厚さ3.5mm」ある円筒です。

導光部材として、「φ1.0mm」の光ファイバを使おうとしていたので、その中心軸をピタリと合わせる必要がありました。

そこで、**図3-3-3**の中央に示したような、「ソケット」を工作したのです。

「φ5.0mm」と「φ1.0mm」の部品の芯を合せて組み付けるには、径の異なるパイプを組み合わせるのが一番ですが、そのような段付きのパイプは特注品になってしまいます。

プラスチックか金属の塊をドリルで穴を開けて同心穴を工作する方法もあり、加工のための素材を探しにホームセンターをうろついてみました。

そして、目についたのが、電気配線のための部品でした。

図3-3-4に示す電線を接続する「圧着スリーブ」です。何種類かのサイズがあったので、写真のように、「大」「中」「小」の3種類の部品を組み合わせることにしました。

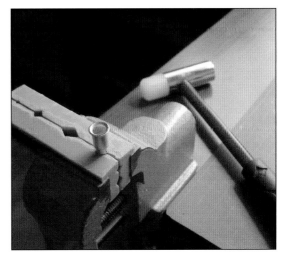

図3-3-5 スリーブの圧入工作

「中」の部品は、長さを半分に切断して使います。

ただ、それぞれの部品の「内径」と「外径」が少しずつ異なっていて、ヤスリで削り取る必要がありました。

そして、**図3-3-5**のようにハンマーにて打ち込んで組み合わせました。

その結果、内径が「φ5.3mm」と「φ1.7mm」の「段付きスリーブ」を作ることができました。

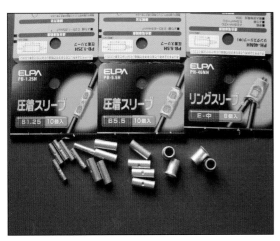

図3-3-4 受光器ソケットに使用した部品

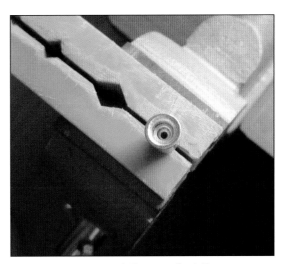

図3-3-6 段付きスリーブの内側

図3-3-7　完成した段付きスリーブ

■「ゲート」への取り付け

　工作した「投光器」と「受光器」を「ゲート」に取り付けました。

　　　　　　　　　＊

　まず、「投光器」の取り付け状態を図3-3-8に示します。

　「LED」を「アルミ・パイプ」に差し込んで、「銀紙」（粘着剤付アルミ箔）にて固定し、その外側をタミヤの「パテ」で覆って、「固定」と「遮光」をしました。

　配線は、ゲート・パイプの中央部に穴をあけ、そこに差し込んでパイプ内を通して、ベース部分まで配線します。

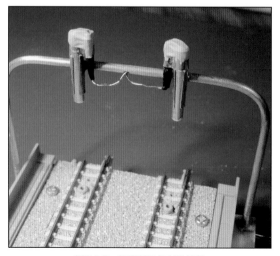

図3-3-8　投光器の組付け状態

図3-3-9　投光器の配線取り出し

図3-3-10　受光ソケットの組付け

　「受光部分」は図3-3-10のように、線路部分に直接穴を開けて、それに差し込むようにしました。

　当初予定していた光ファイバでの導光方式は、面倒になったので中止しました。

-

　「ソケット」は、「パテ」を使って固定しています。

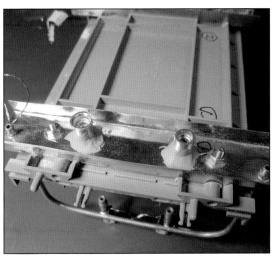

図3-3-11 裏側からみた受光ソケット

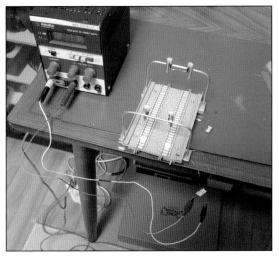

図3-3-12 光軸の機能チェック

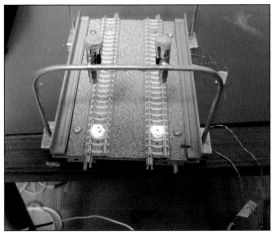

図3-3-13 投光器の照射状態確認

図3-3-14 受光部を通過した光のスポット

　「受光センサ」を取り付ける前に、図3-3-12のように光具合をチェックしました。

　「安定化電源」より「5V」を供給し、ついでにそのときの「電流値」もチェックしましたが、「11〜12mA」であり、「LED」の光具合もまぶしいぐらいでした。
　スポット光の位置もぴったりで、受光部の穴を見事に通過していることが、図3-3-14からも分かります。

　次に、「センサ」を取り付けて、センサ機能のチェックをします。
　センサを取り付けた状態を、図3-3-15に示します。

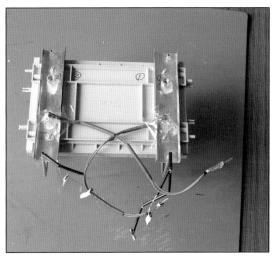

図3-3-15 受光センサの組み付け

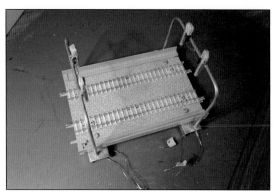

図3-3-16　センサ系の組付け完了状態

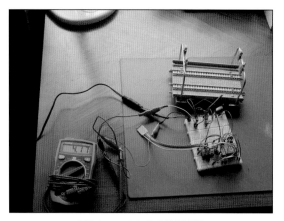

図3-3-17　センサの機能確認

■「センサ」の機能チェック

この「センサ」は説明書に従って、**図3-3-18**のような回路を組んでいます。

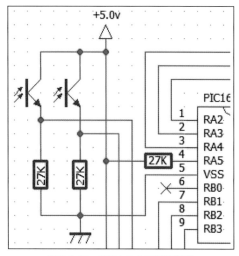

図3-3-18　受光センサの回路構成

「プルダウン抵抗」は、今までの例にならって「27KΩ」を使いました。

チェック回路は、ブレッド・ボードを使い、センサ回路を接続しました（**図3-3-20**）。

チェック結果は良好でした。

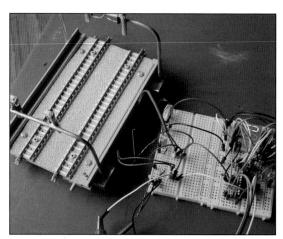

図3-3-19　ブレッドボード上で構成した回路

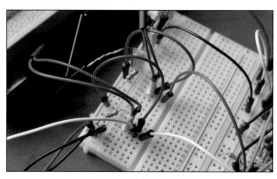

図3-3-20　構成回路の拡大

ここで、「抵抗値」を変えて、「センサ」への「入力電圧」を測定してみました。

抵抗値	明時	暗示
10KΩ	3.94V	0.11V
27KΩ	4.17V	0.25V

「抵抗値」は、従来どおりの「27KΩ」としておきます。

3-4 制御基板の工作

ここでは、「PICマイコン」や「7セグLED」を取り付ける「制御基板」を工作し、ユニットとして完成させます。

■「制御回路基板」の工作

単線での回路図を**図3-4-1**に示します。

基板には同じ回路を2つ組み込む必要があります。

*

この回路を、ユニバーサル基板上に構成しました。

サイズは、「95×72mm」です。表示部は「72×48mm」の基板を、「ベース基板」とは直角に取り付けて、線路の側面に垂直に立つようにしました。

*

図3-4-2に基板の表側を示します。真中を境にして、同じ構成の二つの回路を配置しています。

また、センサ部分など線路側に設けた要素との接続は、「ピン・ヘッダ」と「ピン・ホルダ」で接続するようにし、線路と基板の取外しが容易にできるように、配慮しています。

基板上に設けた白いコネクタは、「5V電源」からの接続コネクタです。

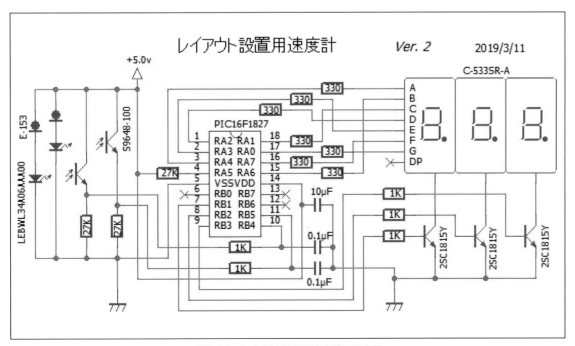

図3-4-1 レイアウト設置用速度計の回路図

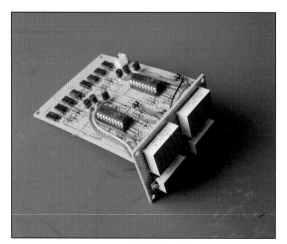

図3-4-2　速度計基板全体図

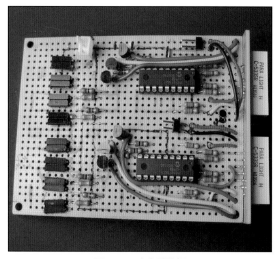

図3-4-3　速度計基板

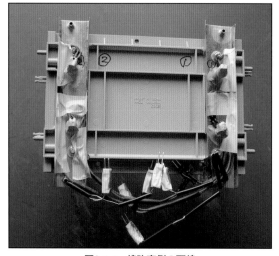

図3-4-4　線路裏側の配線

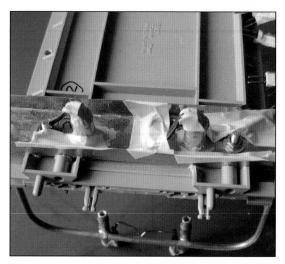

図3-4-5　受光センサ部の配線

■「ユニット」の組立て

　出来上がった線路の裏側に、「制御基板」をネジ止めして、「ユニット」として組み上げました（図3-4-6）

＊

　裏側の配線がゴチャゴチャしているので（図3-4-9）、何らかのカバーが必要です。また、前面のパネルも工夫する必要がありそうです。

＊

　接続コネクタ部分を図3-4-12に示します。いろいろな端子が並んでいるので、誤接続防止のためにも何らかの表示が必要です。今は覚えているものの……。

■機能テスト

　「ユニット」として組み上がったので、プログラムを「PIC」にビルドし、「ユニット」を「5V電源」と接続して、機能テストを実施しました。

　しかし……？　パネルの表示は、なんだか変な様子であり、理解できませんでした。

　入力端子へのノイズではないかと疑って、急遽「0.1μFチップ・コンデンサ」を追加してみましたが、効果がありませんでした。

　現象がよく理解できませんでしたが、とりあえず線路を組んで、実際に列車を走らせてみることにしました。

図3-4-6　速度計ユニット表側

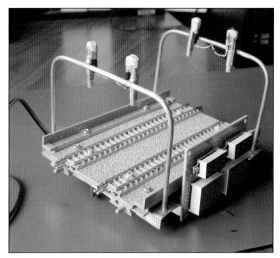

図3-4-8　速度計ユニット側面図3-4-9

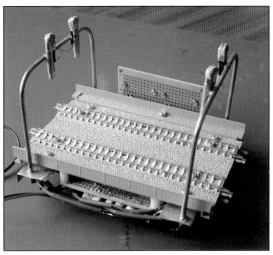

図3-4-7　速度計ユニット裏側

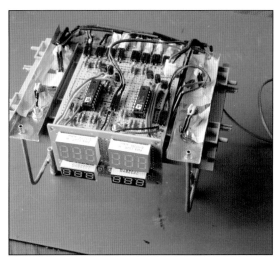

図3-4-9　速度計ユニット底面

3-5　「機能テスト」の実施

製作中のレイアウト設置用の「速度計」が出来上がったので、機能チェックのためにミニ・レイアウトでテストをしました。

今回も、ロジック・ミスを発見しました。

■「ミニ・レイアウト」でのテスト

机上でチェックしたとき、なんだか変な動きだったので、テスト的に設置したミニ・レイアウト上でテストしました。

そのレイアウトを図3-5-1に示します。

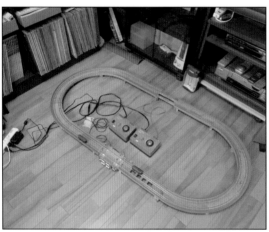

図3-5-1　ミニ・レイアウトでの機能テスト状態

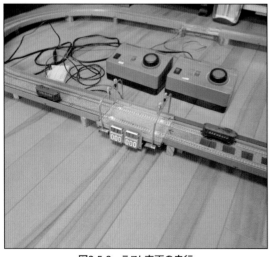

図3-5-2　テスト車両の走行

装置への電源は「5V」仕様の「ACアダプタ」を使って供給しました。

また、レイアウトにはTOMIXの「コントローラ」から給電させています。

まず、装置の作動状態をチェックすると、「速度計」は"ゼロ"表示され、正常に作動している様子でした。

図3-5-3　速度計の表示状態

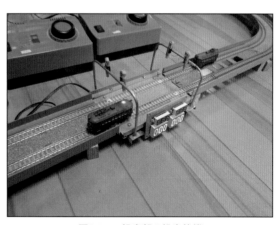

図3-5-4　投光部の投光状態

電車は「Bトレ」の赤い電車2両を走行させます。センサの「投光部」も正常な様子です。

＊

次に、多編成の電車を走らせてみましたが、速度計はなぜか"０００"の表示なのです……？！

このときの速度計の表示は、ときどき変な数字がチラリと見えましたが、図3-5-5に示すように、きれいに"ゼロ"が並んでいました。

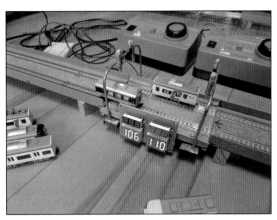
図3-5-6 電車1両での走行時

図3-5-5 速度計の000表示

やはり解せないので、もう一度1両で走らせてみました。

1両で走らせると、正常に表示することは確認できましたが、なぜ多編成の車両で走行させると"ゼロ"表示になるのでしょうか。

図3-5-7 正常に作動する速度表示

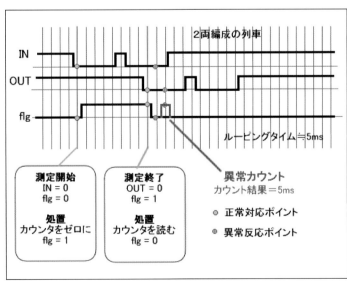
図3-5-8 異常カウントの原因

■「ロジック」の見直し

どうやら「ロジック」がおかしいと睨んで、タイムチャートを作って冷静に検討した結果、図3-5-8のような間違いに気が付きました。

今回のゲート通過を検出する方法は、信号の「立ち上がり」、あるいは「立下り」を検知する**「キャプチャ機能でのパルス計測方法」**ではなく、信号が「HIGH」か「LOW」かの**「信号の状態をチェックする方法」**を採用しています。

チェックのタイミングは、メインのループ時間のほぼ「5msec」間隔でチェックされていますので、図3-5-8のチャートのように、最後には異状カウントを実施した後に、待機状態に入ってしまう恐れがあります。

このため、異常カウントを表示しているものと推察しました。

＊

通過車両が1両の場合は、ゲート間隔「102mm」よりも短いので、この異常カウントは発生しません。

しかし、「Bトレ」でも2両以上になると、上記の状態に陥るのです。

すると、長さ102mmのゲート区間を5msecで駆け抜けたことを示しますので、スケール・スピードに換算すると、「11,500km/h」……**"マッハ9の超超音速**で駆け抜けましたよ"と、表示しているのです。

しかし、なぜ"000"の表示なのかの疑問をもちつつ、間違いは間違いなので、ロジックを修正することにしました。

＊

その修正ロジックをチャートで示すと、図3-5-9のようになります。

測定禁止区間を設けるようにしたのです。

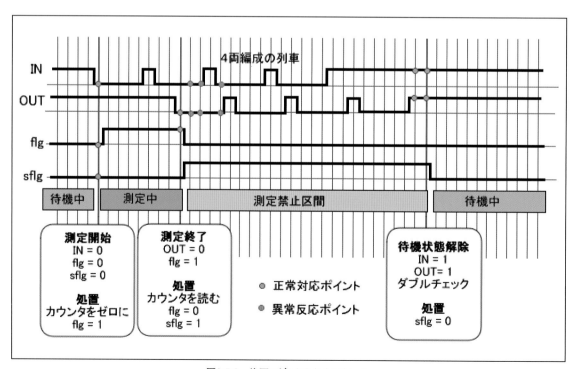

図3-5-9　修正ロジックのタイムチャート

"測定禁止"を示すサブフラグ「sflg」を設けて、「測定禁止区間」を示すようにしたのです。

この区間の設定は、測定終了後に開始設定をして、「INゲート」と「OUTゲート」の両方が「ON」の状態になってから区間解除をするようにしたのです。

そして、慌てて解除しないように、この状態が何回か続いてから解除するようにしました。

改良後の走行状態を観察すると、正常に作動していることが確認できます。

結果は良好で、多編成状態でもそれらしく表示していました。

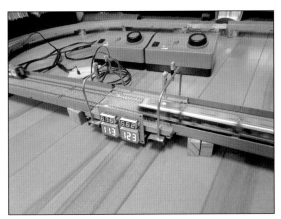

図3-5-10 多編成電車での確認

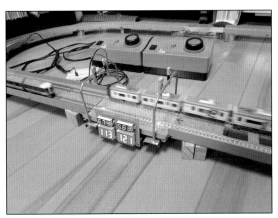

図3-5-11 多編成電車での確認

■修正したプログラム

修正した最終仕様のプログラムを**リスト3-5A**に示します。

測定ゲート間の距離は、右行きが「102mm」、左行きが「103mm」でした。

そして、計算する実時間は、先回の実時間に関する換算式を用いて修正しています。

```
val=56787/mstimer;
```

たったこの一行のために、初めての「**Cコンパイラ**」に挑戦してきたのです……！

待機状態解除には10回チェックしています。

時間にして約50msecですが、短かったら変更するつもりです。

■まとめ

これでやっと、レイアウトに設置できる「速度計」が仕上がりました。次は、レイアウト工事に入ります。

*

ところで、本当にスピード表示って合っているの？ いい加減な数字を表示しているだけではないの？

……と、陰の声が聞こえてきました。

リスト3-5

```
/******************************************
*       SpeedMeter-R1
*             2019/3/14
*             PIC16F1827   MPLAB X   XC8
******************************************/

#include

#define _XTAL_FREQ  8000000


// CONFIG1
#pragma config FOSC = INTOSC
#pragma config WDTE = OFF
#pragma config PWRTE = ON
#pragma config MCLRE = ON
#pragma config CP = OFF
#pragma config CPD = OFF
#pragma config BOREN = ON
#pragma config CLKOUTEN = OFF
#pragma config IESO = ON
#pragma config FCMEN = OFF

// CONFIG2
#pragma config WRT = OFF
#pragma config PLLEN = ON
#pragma config STVREN = ON
#pragma config BORV = LO
#pragma config LVP = OFF

long val;
long mstimer;
int digit;
int flg;
int sflg;
int dc;
int segment_data[]= {0xDE,0x42,0x5D,0x57,0
xC3,0x97,0x9F,0xD2,0xDF,0xD7};
char st[3];

void interrupt MStimer(void)
{
    if(TMR2IF==1){
        mstimer++;
        TMR2IF=0;
    }
}

void main()
{
    OSCCON = 0b01110010;
    ANSELA = 0b00000000;
    ANSELB = 0b00000000;
    TRISA  = 0b00000000;
    TRISB  = 0b00110000;
    PORTA  = 0b00000000;
    PORTB  = 0b00000000;
    T2CON  = 0b00111100;
    TMR2   = 0;
    TMR2IF =0;
    TMR2IE =1;
    PEIE   =1;
    GIE    =1;

    digit=0;
    flg=0;
    sflg=0;
    val=0;
    mstimer=0;
    dc=0;

    while(1){
        if(RB4==0 && flg==0 && sflg==0){
            mstimer=0;
            flg=1;
        }
        if(RB5==0   && flg==1){
            val=56787/mstimer;
            flg=0;
            sflg=1;
        }
```

```
        if(RB4==1 && RB5==1){
            if(dc>=10){
                sflg=0;
                dc=0;
            }
            dc++;
        }

        st[2]=val/100;
        st[1]=val/10-st[2]*10;
        st[0]=val%10;

        if(digit==2){
            PORTA = segment_data[st[2]];
            RB1 = 1;
            __delay_ms(5);
            RB1 = 0;
            __delay_us(100);
        }

        if(digit==1){
            PORTA = segment_data[st[1]];
            RB2 = 1;
            __delay_ms(5);
            RB2 = 0;
            __delay_us(100);
        }

        if(digit==0){
            PORTA = segment_data[st[0]];
            RB3 = 1;
            __delay_ms(5);
            RB3 = 0;
            __delay_us(100);
        }

        digit++;
        if(digit ==3)  digit=0;
    }
}
```

3-6 　「速度計測」の検証

　作成中のレイアウト設置用の「速度計」について、その測定している「数値」の正確さを検証しました。

■「速度計測」の検証

　検証方法は、床面に構成したミニ・レイアウト上を走行させ、「ビースピⅤ」という簡易速度計測器を使って速度表示を比較しました。

　実験の様子を**図3-6-1**に示します。

　「ビースピⅤ」を測定ゲートの手前に置いています。

　Ｎゲージ車両とぶつからないように、また足の部分が干渉しないように、「10mm角」の木材をかましています。

図3-6-1　速度計の検証テスト風景

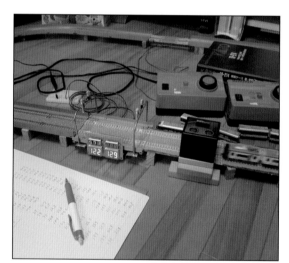

図3-6-2　速度測定部

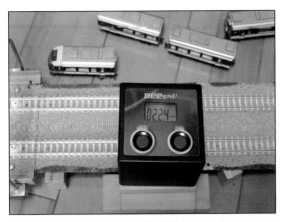

図3-6-3 簡易速度計測器「ビースピV」

図3-6-4 計測状態

この「ビースピV」は、動力車の性能測定を始めたころに使っていたもので、Nゲージの速度測定にはもってこいの測定器です。

*

ネットで調べると、この製品はもともとゲーム機で打ち出された球の速度を調べるために「ビースピ」として作られたもので、その後他の会社が「ビースピV」として改良し、学校の物理実験の速度測定などの用途として提供されたそうです。

したがって、この計測には「精度表示」がありませんが、測定範囲は「0 ～999.9cm/s」で、Nゲージの速度測定には充分です。

■測定結果

供給電圧を変えて「Bトレ」電車を走らせ、そのときの「ビースピV」の測定結果と「我が計測器」の速度表示値を読み取っていきました。

「ビースピV」の速度表示は「cm/sec」の単位でしたので スケール・スピードに換算し、グラフに表示して比較しました。

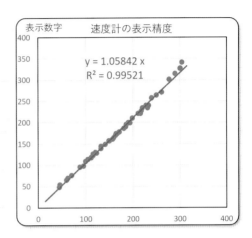

図3-6-5 計測結果

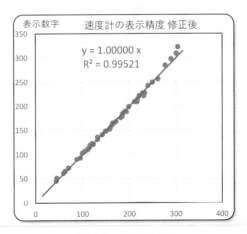

図3-6-6 修正後の表示

グラフの「横軸」が「ビースピV」の測定結果で、「縦軸」が「速度計」の表示数字です。

データはほとんど直線状に乗っていますが、「300Km/h」近くでは、少し離れて行っています。

全体的には、少し勾配が「1,000」ではありませんでした。

これは、速度計の内部換算値の係数が、少しズレているものと判断します。

たとえば、「測定ゲート間の距離」や「時間換算値」が異なっているのでしょう。

しかし、検証の基準とした「ビースピV」の精度も確証が得られないので、何とも言えません。

そこで、両者のデータを一致させるべく、修正した場合の様子を、**図3-6-6**のグラフに示します。

そして、これらの場合の誤差を計算したので、グラフとして**図3-6-7、3-6-8**に示します。

＊

「ビースピV」の精度を信頼して修正した場合には、測定精度は目標とした５％以内に収まっていることが確認できます。

いよいよ、自信をもってレイアウトに設置することにします。

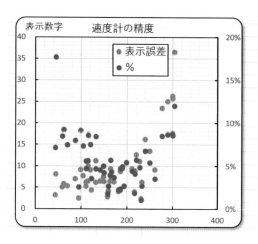

図3-6-7　修正前の精度

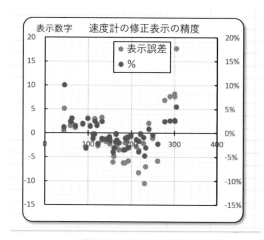

図3-6-8　修正後の精度

3-7 レイアウトに設置

作成中のレイアウト設置用の「速度計」ですが、いよいよレイアウトに設置することにしました。

■「表示パネル」のカバーを作る

「速度計」の表示部は、基板がむき出しのままではレイアウトになじまないので、カバーを作ることにしました。

厚さが「1mm」のプラ板を使って、表側を覆うように作りました。

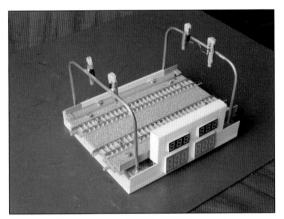

図3-7-1　カバーを装着した速度計ユニット

図3-7-2　ユニット正面

さらに、底部や裏側も覆って、電子部品配線を保護することにしました。

もちろん、電源ケーブルを接続するコネクタ部分には、穴を開けています（**図3-7-4**）。

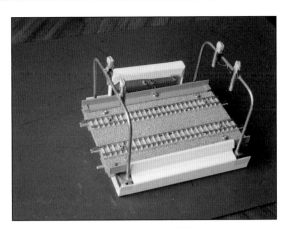

図3-7-3　ユニット裏側

図3-7-4　ユニット底面

■「操作板」の作成

「速度計」には、「DC5V」を供給すればよいので、そのための「ACアダプタ」と「プラグ」を新しく設置しました。

■レイアウトに取り付けた「速度計」

レイアウトには、予定した位置に設置しました。

心配していたようにやはり違和感がありました。

何かの建物に似せるとか、大きな看板のように誤魔化すなどの、工夫をすればよかったのですが…。

図3-7-5　レイアウトに設置した速度計左側面

図3-7-8　表示部拡大

図3-7-6　速度計の右側面

あるいは、線路向こう側に広告看板のように並べて設置するのがよかったかもしれません。

ともかく今回は、機能試作品としておきます。
　その機能は狙いどおりであり、満足のいく結果でした。
　表示部のタイトルを記入する必要がありそうですが……。

図3-7-9　表示部拡大

図3-7-7　速度計の正面

図3-7-10　測定中の状態

図3-7-12　部屋を暗くした状態

　部屋を暗くして、センサ部の様子を観察しました。

　4カ所のスポットライトがきれいに光っていることが分かります。

図3-7-11　部屋を暗くした状態

3-8 3桁の数字を表示させる

今回は、セグメントに3桁の数字を表示させよう。

■7セグメントLEDの注意点

使っている「7セグメントLED」の「C-533SR-A」の回路図は、カタログより抜粋して**図3-8-1**に示します。

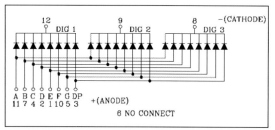

図3-8-1　7セグメントLEDの回路図

この回路からも分かるように、一度に全部のセグメントを点灯させると大きな電流が必要となり、PICマイコンの許容電流を大きく上回ってしまいます。

1桁の表示であれば対応できますが、3桁では無理なので、それぞれ個別に素早く順番に点灯させることにします。

これを、「ダイナミック点灯方式」と呼ぶそうです。

点灯するセグメントを制御するには、上記の「カソードコモン方式」であれば、それぞれのカソードの回路を「ON/OFF」制御すればいいのです。

多数のLEDから流れてきた大きな電流を一つのスイッチで「ON/OFF」させるために、トランジスタを使ってスイッチとしています。

このための回路を、**図3-8-2**に示します。

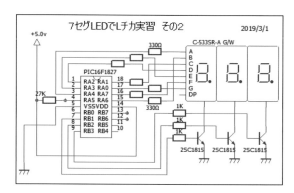

図3-8-2　7セグメントLEDの駆動回路

■プログラムの作成

今回は、「Maicommon.ciao.jp　TOP」/「自学のページ」/PIC入門/表示回路/数字3桁表示のページを参考にしました。

さる大学のゼミに使われていた資料と推察します。

使っている「PICマイコン」も異なるし、コンパイラも「CCS C」であったので、記述方法はかなり異なっていました。

しかし、記述の考え方は理解できたので、私が使っている状態に書き換えて記述し直しました。

実行している内容は同じであり、変数も同じ記号を使っています。

●ロジックのポイント

[表示する数字の表示パターン]

先回の実験に使われたデータを利用し、それを行列として定義しておきます。

すなわち、「0」から「9」までの表示パターンを示す16進数を、「segmennto_data[ ]」に収めておきます。

[表示桁への振り分け]

表示させる数を、各桁ごとの数字に分解しておく必要があります。

たとえば、「365」という数値に対しては、1の桁は「5」で、10の桁は「6」で、100の桁は「3」であるというように指示する必要があります。このロジックは利用させていただきました。

[表示桁の指定]

一度に表示できるのは、一つのセグメントだけなので、表示する桁を指定して、順繰りに表示するループを構成します。

一つのループではどれか一つの桁しか表示しておらず、このループを素早く実施して、目の残像効果によって、すべて点灯しているように見せます。

表示はわずか5msec間点灯するようにしていて、すぐに消してしまう処理を行ないます。

これは、点灯セグメントが重複しないようにしているのですが、忘れて失敗することの多い処理です。

[使用する変数]

いろいろなループを構成しているので、そのループ回数をカウントして処理を判断しています。

どこでカウントアップ、あるいはカウントダウンして、どこで判断し、そしてどこでクリアしているのか、参考にさせていただきました。

*

作成したプログラムを**リスト3-8**に示します。

コンフィグなどの設定は先回と同じなので、省略しています。

■動作状態

ブレッドボードに構成した回路状態と動作状況を紹介します。

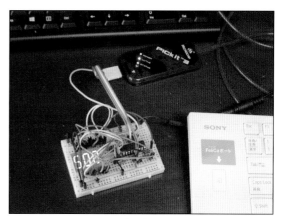

図3-8-3　プログラムの書き込み

図3-8-4　ブレッドボードに構成した回路

ジャンパー線がジャングルのようになってしまいました。

電源は5VのACアダプタから供給しています。

表示はスムーズに実行されていますが、ゼロの数字が先頭にくる場合は、表示しないように工夫する必要があります。

*

これで数字の表示方法まで学習したので、次は最大の難関である、時間計測に取り掛かります。

以前に報告した「レイアウトに速度計を設置する」では、「Arduino」を使いましたが、その場合では、

```
t1 = millis();
while (slit2 == HIGH) {
    slit2 = digitalRead(SLIT2_PIN) ;
}
t2 = millis();
tt = t2 - t1 ;
V =108000 / tt ;
```

これだけの記述で、2つのスリットを通過する時間を計測し、スケールスピード V を計算することができたのですが……。

リスト3-8

```
/************************************
*     7segLED Test 3
*           2019/2/28
*           PIC16F1827   MPLAB X   XC8
************************************/

（　途中省略　）

int ct;        //表示する数の更新間隔
long val;      //表示する数の値
int digit;     //表示する桁位置
int segment_data[]= [0xDE,0x42,0x5D,0x57,0xC3,0x97,0x9F,0xD2,0xDF,0xD7];
               //表示する数字のパターンの行列
char st[3];    //表示する桁の数字、3個の行列


void main()
{
    OSCCON = 0b01110010;   //内部クロックを8MHzに設定
    ANSELA = 0b00000000;   //全てデジタルI/O
    ANSELB = 0b00000000;   //全てデジタルI/O
    TRISA  = 0b00000000;   //全て出力
    TRISB  = 0b00000000;   //全て出力
    PORTA  = 0b00000000;   //出力ピンをすべてLOWにする
    PORTB  = 0b00000000;   //出力ピンをすべてLOWにする

    digit=0;        //初期値の設定
    ct=1;
    val=0;

    while(1){       //ループ処理
```

```
    ct --;              //更新間隔をカウントダウン
    if(ct == 0){              //表示桁への振り分け
        st[2]=val/100;           //100の位の数字
        st[1]=val/10-st[2]*10;   //10の位の数字
        st[0]=val%10;            //1の位の数字

        val ++;          //表示する数をカウントアップ
        if(val==1000) val=0; //999以上になったら0にする
        ct=20;                   //更新間隔をリセット
    }

    if(digit==2){          //100の位の数字を表示させる
        PORTA = segment_data[st[2]]; //出力ポートに指示
        RB1 = 1;
        __delay_ms(5);              //5msec表示
        RB1 = 0;                    //表示を消す
        __delay_us(100);
    }

    if(digit==1){          //10の位の数字を表示させる
        PORTA = segment_data[st[1]];
        RB2= 1;
        __delay_ms(5);
        RB2 = 0;
        __delay_us(100);
    }

    if(digit==0){          //1の位の数字を表示させる
        PORTA = segment_data[st[0]];
        RB3 = 1;
        __delay_ms(5);
        RB3 = 0;
        __delay_us(100);
    }

    digit ++;              //表示する桁をカウントアップ
    if(digit ==3)  digit=0;    //3になったら0に戻す
  }
}
```

3-9 「時間」を計測しよう

「ゲートを通過する時間」を、測定する方法を習得します。

■測定の要件

まず、どのような時間を測定するのか、まとめておきます。2つのゲートを通過するときの、通過時間を計算しておきます。

スケールスピード

$$30\ Km/h \Rightarrow 30 \times \frac{1}{150} \times \frac{\overset{m}{1000} \times \overset{mm}{1000}}{\underset{分}{60} \times \underset{秒}{60}} = 55.6\ mm/sec$$

スケール　　分　　秒

測定ゲートの間隔を「L = 120 mm」とすると、

スケール・スピード「30km/h」で通過する時間は、

120 mm / 55.6 = 2.16 sec

となります。

これ以上遅く走らせることはないので、最長でも「2 sec」は測定できるタイマーが必要なことが分かります。

ちなみに、スケール・スピード「300km/h」で駆け抜けた場合は、「216 msec」掛かることになります。

■通過時間を計測する方法

時間計測に関しては、「Arduino」を使う方法として、以前に報告しています。

その方法は、次のとおりです。

```
if (slit1 == LOW) {
    t1 = millis();
    while (slit2 == HIGH) {
        slit2 = digitalRead(SLIT2_PIN) ;
    }
    t2 = millis();
    tt = t2 - t1 ;
    V =108000 / tt ;
```

スリット1を通過した時点で時刻を計測し、スリット2を通過するまで待ちます。

そして、スリット2を通過したら、そのときの時刻を計測して、その時間差を計算し、その値から車速を計算しています。

これだけの記述で、2つのスリットを通過する時間を計測していました。

今回使う「PICマイコン」には、このような便利な方法がないようなので、何か工夫が必要です。

さらに、スリット2を通過するまでマイコンは、ウエイト状態です。

今回、この待ち時間のある計測方法では、7セグメントLEDの表示が消えてしまうのです。

測定中は表示が消えてもいいとするなら別ですが、このダイナミック点灯方式では別の方法が必要となります。

*

考えられる方法として、スリットの通過を割り込み方式で検出して、タイマーを使って時間を計測する方法です。

この方法の使い方については、参考本やネットであれこれ調べました。

たとえば、

① タイマー割り込みを使って LED を点滅させる方法（一定時間毎に点滅させる）
② 超音波センサで物体の距離を測る方法（音の反射時間を測っているから）
③ キャプチャ機能でパルスを計測する方法（パルスの幅を測定する）
④ ストップウオッチ（ボタンを押して時間を測る）

……などがあり、割り込みやタイマーを使った方法が紹介されていました。

しかし、どれもややこしい説明で、超初心者にはチンプンカンプンのことがいっぱい出てきました。

さらに、コンパイラの違いや C++ 言語での使用による、新しい用語を理解するのにウロウロです。

それでも、タイマーやキャプチャ機能の使い方を何とか理解できたと思っていましたが、ふと、測定精度に関して思い当たることがありました。

自分が求める時間計測の測定精度はどれくらい必要なのか？

何を考えたかと言えば、「LED のダイナミック点灯ループ内で、スリットの ON/OFF を検知できれば、通過信号のややこしい割り込み処理は必要ないのでは？」とひらめいたのです。

測定誤差を「5 ％」程度とするなら、「216msec」の場合では、「10msec」となります。

LED のダイナミック点灯ループのサイクル内で充分ではないのか？

ループの中では、LED 点灯時間を設定している「__delay_ms(5)」が一番効いているのでと、狙いをつけているからです。

●ループ時間の測定

そこで、先回の実験装置を使って、このサイクル時間を計測してみました。

「7segLED-Test3」のプログラムを走らせ、100 ごとのラップタイムを測定した結果、10回の平均で、「10.48 sec」でした。

これは、1カウントでは「0.105 sec」になります。

さらの、「LED」への表示は 20ループごとに実施していましたから、1ループには「5.25msec」掛かっていることが分かりました。

これはいけますね！

ということで、キャプチャ機能などを使わずに実施することにしました。

●ミリ秒タイマーの工夫

時間を計測するための道具として、ミリ秒タイマーを作ることにしました。

これには多くの参考資料があったので、勉強になりました。

まず、「内部クロック」を設定して、「プリスケーラ」と「ポストスケーラ」の倍率を決め、8ビット・カウンタがオーバー・フローする時間を計算しました。

このオーバー・フローのフラグを利用して、設定した変数、「ミリ秒タイマー」をカウントアップさせようとします。

内部クロックを「8MHz」とすると、「Fosc/4」からは「2MHz」のクロックが出てきます。すなわち、「0.5μ sec」のクロックになります。

これをポストスケーラで8倍にすると、「4μ sec」となり、8ビット・カウンタがオーバー・フローする時間は 256倍となるので、「1.024msec」となります。

タイマーは、TIMER2を使えば充分です。

設定は、「OSCCON = 0b01110010」8Mhzを指定し、「T2CON = 0b00111100」にて、TIMER2のプリスケーラを「1：1」に、ポストスケーラを「1：8」に設定します。

そして、「TMR2IE= 1」として、TIMER2の割り込みを許可し、「PEIE = 1」と「GIE = 1」にして周辺割り込みと全体割り込みを許可します。

あとは、カウントアップする「ミリ秒タイマー」を設定しておけば、タイマー設定は完了です。

■プログラムの作成

全体のプログラムは先回の「7segLED Test 3」を修正します。

通過時間から計算したスケール・スピードをLEDに表示させるのです。

「通過ゲート」からの「IN」と「OUT」の信号は、「INゲート」は「RB6」ポートに、「OUTゲート」は「RB0」ポートに入力させるよう設定しています。

もし、うまく行かなかった場合には、CCPキャプチャ機能を使うことも考えたからです。

入出力ポート設定は、「TRISB = 0b00010001」となります。

●割り込み設定

TIMER2からの割り込みによって、「ミリ秒タイマー」をカウントアップする方法は、割り込み設定を使って、「1.024msec」ごとにカウントアップするように設定しました。

```
void interrupt MStimer(void)
{
  if(TMR2IF==1){   //TIMER2の割込みチェック
    mstimer++;     //ミリ秒タイマーをカウントアップ
    TMR2IF=0;      //フラグを消す
  }
}
```

●通過時間の計測と表示

後は、LEDダイナミック点灯ループの中で、入力ポートの信号を取り入れ、カウンタの値をクリアしたり読み出したりして、通過時間を求め、それを表示させればいいのです。

今回は、スケール・スピードの計算はなしにして、通過時間だけを表示させることにします。

測定中は「flg」を設定しておくと、ダブル動作による誤作動をなくせるし、チャタリングも防止できます。

今回の回路では、通過信号を「負論理」で取り入れるようにしているので、ノイズにも強いと思っています。

作成したプログラムを**リスト3-8A**に示します。コンフィグなどの設定は、先回と同じので省略しています。

●コンパイラのトラブル

今回も、コンパイラのトラブルに襲われてしまいました。自信をもって作ったプログラムですが、コンパイラが通らないのです。

どうやら、「void interruput」の部分が怪しいのですが、原因が分からず、これも半日ほどウロウロしてしまいました。

スタンドアロンで使っているVistaまで疑ったのですが、「XC8　interruput　エラー」にて検索してみました。すると一発で出てきましたね！ 6時間位立ち往生された方の、貴重なブログが参考になりました。

「XC8 Compiler」の「Project Properties」の中で、「C Standard」という設定項目を「C99→C90」に変更すればよいとのことでしたので、さっそく修正すると、見事にコンパイルを通すことができました。

初心者が通らなければならない関門の一つでしょうか。

コンパイルにはハンマーのアイコンをクリックするのでビルドするとも言うらしいですね。素人にはどちらでもいいのですが……。

■動作の確認

実験回路に、「通過ゲート」の代わりとして、2つのタクト・スイッチを追加して、信号の入力を実施するようにしました。

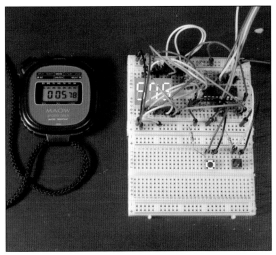

図3-9-1　動作確認のテスト

図3-9-2　表示された測定時間

2つのスイッチを使って、計測された時間の検証を実施しました。

さすが、"実験室"ですね……！

ただし、ミリ秒単位の計測は無理なので、表示時間を「1/10 になるように修正して、ストップウオッチで計測してみました。

2に示すように、ストップウオッチは「5.78秒」を示し、LEDには「575」と表示されています。

測定結果を、**表3-9**に示します。

表3-9　測定結果

StopW.	LED	差 (ms)	勾配	遅れ (ms)
msec	表示×10		1.031122	
4220	4200	-20	4331	111
8000	7890	-110	8136	136
1730	1880	150	1939	209
1300	1350	50	1392	92
870	930	60	959	89
4210	4210	0	4341	131
2430	2510	80	2588	158
6140	6050	-90	6238	98
5410	5320	-90	5486	76
3470	3400	-70	3506	36
680	790	110	815	135
5060	5020	-40	5176	116
8890	8740	-150	9012	122
9110	8970	-140	9249	139
			平均値	118

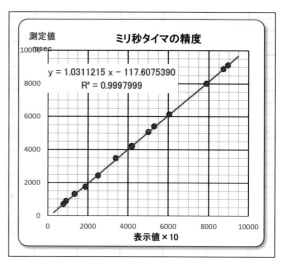

図3-9-3　ミリ秒タイマーの精度

このミリ秒タイマーは、「1.024msec を 1msec としてカウントしているので、少し修正する必要があります。

そこで全体のプロット点から近似直線式を求め、その勾配値をその修正値としました。

そして、この値から想定される実時間とストップウオッチの計測時間の差を求めたのが、遅れと示した欄の値です。

本当は、「ゲート通過」の計測タイミングのズレ（5msec程度を予想していた）を検証したかったのですが、ストップウオッチとタクト・スイッチの動作タイミングのズレが、およそ「100msec」もあるので、参考にはなりませんでした。

でも、「勾配値」を求めることができたので、スケール・スピードの計算には、この修正値を生かすことにします。

表示結果を10倍して、計測時間の「msec」と比較したグラフです。

「Y切片」が「-118」になっているのは、上記の遅れ時間を示しています。

なお、表示桁が3個しかないので、これを超える場合は表示がクシャクシャになってしまいます。

表示桁を増やすとか、表示ロジックを変えるなどの工夫が必要です。

今回の実験で、計測結果を表示させる方法の目途が付きました。

これから実際の測定装置の工作を始めることにします。

リスト3-9

```
/*********************************
*      7segLED Test 4
*         2019/3/6
*         PIC16F1827   MPLAB X   XC8
*********************************/
(   途中省略   )
long val;       //表示する数の値
long mstimer;   //ミリ秒タイマー
int digit;      //表示する桁位置
int flg;        //計測中を示すフラグ
int segment_data[]= [0xDE,0x42,0x5D,0x57,0xC3,0x97,0x9F,0xD2,0xDF,0xD7];
                //表示する数字のパターンの行列
char st[3];     //表示する桁の数字、3個の行列

void interrupt MStimer(void)   //TIMER2 の割込み
{
    if(TMR2IF==1){      //TIMER2の割込みフラグをチェック
        mstimer++;      //ミリ秒タイマーをカウントアップ
        TMR2IF=0;       //フラグを消す
    }
}

void main()
{
    OSCCON = 0b01110010;  //内部クロックを8MHzに設定
    ANSELA = 0b00000000;  //全てデジタルI/O
    ANSELB = 0b00000000;  //全てデジタルI/O
    TRISA  = 0b00000000;  //全て出力
    TRISB  = 0b00010001;  //入力ポートを設定
    PORTA  = 0b00000000;  //出力ピンをすべてLOWにする
    PORTB  = 0b00000000;  //出力ピンをすべてLOWにする
    T2CON  = 0b00111100;  //TIMER2のプリ＆ポストを設定
    TMR2   = 0;       //TIMER2の初期化
    TMR2IF =0;        //TIMER2の割込みフラグを0にする
    TMR2IE =1;        //TIMER2割込み許可
    PEIE   =1;        //周辺機器の割込み許可
    GIE    =1;        //全体の割込み許可

    digit=0;      //初期値の設定
    flg=0;
    val=0;
    stimer=0;

    while(1){       //ループ処理
      if(RB4==0){           //INゲートがONなら
            if(flg==0){       //測定中でないこと
                mstimer=0;    //ミリ秒タイマーを0
                flg=1;        //測定中の表示
            }
      }
        if(RB0==0){           //OUTゲートがONなら
            if(flg==1){       //測定中であれば
```

```
            val=mstimer;      //カウンタ値をVOLに
            flg=0;                      //測定待機中の表示
        }
    }

    st[2]=val/100;            //100の位の数字
    st[1]=val/10-st[2]*10;    //10の位の数字
    st[0]=val%10;             //1の位の数字

    if(digit==2){             //100の位の数字を表示させる
        PORTA = segment_data[st[2]]; //出力ポートに指示
        RB1 = 1;
        __delay_ms(5);                //5msec表示
        RB1 = 0;                      //表示を消す
        __delay_us(100);
    }

    if(digit==1){             //10の位の数字を表示させる
        PORTA = segment_data[st[1]];
        RB2= 1;
        __delay_ms(5);
        RB2 = 0;
        __delay_us(100);
    }

    if(digit==0){             //1の位の数字を表示させる
        PORTA = segment_data[st[0]];
        RB3 = 1;
        __delay_ms(5);
        RB3 = 0;
        __delay_us(100);
    }

    digit ++;                 //表示する桁をカウントアップ
    if(digit ==3)  digit=0;   //3になったら0に戻す
    }
}
```

3-10 「7セグメントLED」を使う

学習の第2ステップとして、測定データを表示させるための7セグメントLEDと、新しくPIC16F1827 マイコンの取り扱い方を学ぶことにします。

■7セグメントLEDとPIC16F1827

スケール・スピードを表示するために、3桁の表示装置として7セグメントLEDを使います。

選択したのは、パラライト社製の「カソードコモン」の「C-533SR-A G/W」です。

そして、これに合わせて、18ピンの「PICマイコン」を選定しました。

セグメント表示のためのピンは11本ですが、ドットを使わない場合は10本を使うことになります。

このため、少し余裕をもって18ピンとし、PIC16F1827のマイコンを選びました。

入手した機器を**図3-10-1**に示します。

■回路構成

新しく取り組むPIC16F1827マイコンと、「7セグLED」の学習のために、簡単な回路を構成しました。

ブレッドボードに組み付けた状態を、**図3-10-2**に示します。

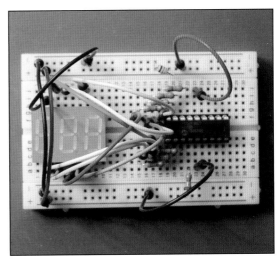

図3-10-2　回路の構成状態

図3-10-1　用意したPICマイコンと7セグメントLED

図3-10-3　ブレッドボードに組付けた状態

マイコンとLEDの間の配線は、実際にユニバーサル基板へ組み付ける場合を想定して検討した結果、下記のような配線にしました。

さらに、一つの数字を表示するには、A～Gまでの指定が必要になりますが、16進数でまとめて指定できるように、「PORTA」にまとめています。

今回の表示桁の設定は、手始めに、手動で「GND」に接続して表示する桁を選ぶようにしました。

まずは、スタティック制御でトライしてみよう。

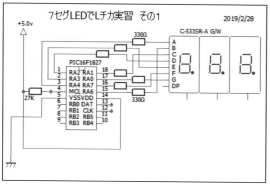

図3-10-4　テスト用回路

プログラムは、7セグメントLEDの各セグメントを1つずつ表示させるようにしています。

なんだ！と思われるかもしれませんが、初めて取り扱う PIC16F1827?マイコンに対して自信がなかったからです。

「PICマイコン」は型番が異なるなら、まずイチから学習しろ！　……との格言（？）を信じているからです。

コンフィグの設定など、石ごとに異なっているため、最初にウロウロするのはこのとっかかりの部分です。

なお、点灯させるセグメントの指定は、そのポート位置を16進数に換算し、「PORTA」にまとめて出力しています。

■動作状態

でも、今回は拍子抜けするほど簡単に動きました。　一度もエラーが出なかったのです！

図3-10-5　PICマイコンへの書き込み

図3-10-6　動作状態

電源は、5VのACアダプタを使い、「PICkit3」も回路に特設接続しています。

上記の回路図の小さな丸印の3つのポートと電源およびGNDに接続した状態でマイコンに書き込みを実施しました。

リスト3-10 7セグメントLEDの表示プログラム

```
/**************************************
*     7segLED Test 1
*          2019/2/28
*          PIC16F1827   MPLAB X   XC8
***************************************/

#include

#define _XTAL_FREQ  8000000

// CONFIG1
#pragma config FOSC = INTOSC
#pragma config WDTE = OFF
#pragma config PWRTE = OFF
#pragma config MCLRE = ON
#pragma config CP = OFF
#pragma config CPD = OFF
#pragma config BOREN = ON
#pragma config CLKOUTEN = OFF
#pragma config IESO = ON
#pragma config FCMEN = OFF

// CONFIG2
#pragma config WRT = OFF
#pragma config PLLEN = ON
#pragma config STVREN = OFF
#pragma config BORV = LO
#pragma config LVP = OFF

void main()
{
    OSCCON = 0b01110010;
    ANSELA = 0b00000000;
    ANSELB = 0b00000000;
    TRISA  = 0b00000000;
    TRISB  = 0b00000000;
    PORTA  = 0b00000000;
    PORTB  = 0b00000000;

    while(1)
    {
        PORTA = 0x10;          //Aセグメントを点灯
        __delay_ms(300);
        PORTA = 0x40;          //Bセグメントを点灯
        __delay_ms(300);
        PORTA = 0x02;          //Cセグメントを点灯
        __delay_ms(300);
        PORTA = 0x04;          //Dセグメントを点灯
        __delay_ms(300);
        PORTA = 0x08;          //Eセグメントを点灯
        __delay_ms(300);
        PORTA = 0x01;          //Gセグメントを点灯
        __delay_ms(300);
        PORTA = 0x80;          //Fセグメントを点灯
        __delay_ms(300);
    }
}
```

125

索 引

[著者略歴]

寺田　充孝 (てらだ・みちたか)

1941 年	名古屋市で生まれる。
1943 年	幼少期を岡山県倉敷市で過ごす。
1964 年	静岡大学工学部を卒業後、アイシン精機に入社。 自動車部品の開発設計に携わる。
2004 年	定年退職後、鉄道模型を始める。 愛知県安城市在住

　鉄道模型に掛ける毎月の小使いは 5,000 円以下と決め、車両の収集とレイアウト作りを始める。
　孫の「R 君」、「T 君」、そして自分の「M」の頭文字を取って「RTM 鉄道」と銘打ったレイアウトを作り、孫と一緒に楽しんできた。
　現在は、電子工作に手をそめて、いろいろなシステム作りにはまっている。

[主な著書]
・機械技術者の鉄道模型実験室
・鉄道模型 自動運転の実験　　　（以上、工学社）

質問に関して

本書の内容に関するご質問は、

① 返信用の切手を同封した手紙

② 往復はがき

③ FAX (03) 5269-6031

　（ご自宅の FAX 番号を明記してください）

④ E-mail　editors@kohgakusha.co.jp

のいずれかで、工学社編集部宛にお願いします。電話によるお問い合わせはご遠慮ください。

サポートページは下記にあります。
[工学社サイト] http://www.kohgakusha.co.jp/

I/O BOOKS

鉄道模型　自動運転のレイアウト

2020 年 1 月 30 日　初版発行　© 2020	著　者	寺田　充孝
	発行人	星　正明
	発行所	株式会社工学社
		〒 160-0004 東京都新宿区四谷 4-28-20　2F
	電話	(03) 5269-2041 (代) [営業]
		(03) 5269-6041 (代) [編集]
	振替口座	00150-6-22510

※定価はカバーに表示してあります。

[印刷] シナノ印刷 (株)　　　　　　　　　　　　　　　　　　ISBN978-4-7775-2097-8